Agustinus Praba Drijarkara

Classificação Fuzzy de Microcalcificação em Mamografias

Agustinus Praba Drijarkara

Classificação Fuzzy de Microcalcificação em Mamografias

Aplicação de processamento de imagens difusas para detecção e classificação de microcalcificações (pequenos tumores) em mamografias digitalizadas

ScienciaScripts

Imprint
Any brand names and product names mentioned in this book are subject to trademark, brand or patent protection and are trademarks or registered trademarks of their respective holders. The use of brand names, product names, common names, trade names, product descriptions etc. even without a particular marking in this work is in no way to be construed to mean that such names may be regarded as unrestricted in respect of trademark and brand protection legislation and could thus be used by anyone.

Cover image: www.ingimage.com

Este livro é uma tradução do original publicado sob ISBN 978-3-8443-2063-3.

Publisher:
Sciencia Scripts
is a trademark of
Dodo Books Indian Ocean Ltd., member of the OmniScriptum S.R.L Publishing group
str. A.Russo 15, of. 61, Chisinau-2068, Republic of Moldova Europe
Printed at: see last page
ISBN: 978-620-2-94698-8

Chapter 1: Introdução

1.1 Declaração de problemas

O cancro da mama é relatado como a forma mais comum de cancro encontrado nas mulheres e também a principal causa de morte entre outros cancros não evitáveis [1]. De acordo com estatísticas recentes, uma mulher em cada oito nos EUA e uma mulher em cada dez na Europa desenvolverá um cancro da mama durante a sua vida [2]. Na Austrália, o número é de cerca de uma em cada 14 mulheres [3]. Embora a taxa de mortalidade seja elevada, a doença é curável se for detectada nas fases iniciais.

A mamografia é um método comummente utilizado para a detecção do cancro da mama. A mamografia é uma radiografia de mama de muito alta resolução espacial. As mamografias precisam de ser rastreadas para detectar lesões anormais e possivelmente perigosas. Na maioria dos países desenvolvidos, as mulheres com mais de 40 anos são aconselhadas a fazer mamografias uma vez de dois em dois anos como procedimento de precaução. Isto é aumentado para cada ano após a idade de 50 anos. Isto gera uma grande quantidade de imagens, que precisam de ser examinadas e processadas com precisão.

A eficácia de tal processo depende da capacidade do radiologista de identificar qualquer anomalia existente. Tem sido relatado que em alguns estudos 20% das mulheres com cancro da mama tiveram resultados negativos na mamografia (falso negativo) [4]. De facto, estudos extensivos indicam que os radiologistas não detectam toda a informação relacionada com o cancro presente numa mamografia [5, 6, 7]. A natureza muito subtil dos efeitos radiográficos é frequentemente a fonte de diagnósticos falhados, embora o papel do erro humano devido às diferentes regras de decisão, subjectividade do processo, ou pura supervisão não possa ser ignorado [8].

Tais problemas podem ser ultrapassados se o radiologista for assistido no processo de rastreio por uma ferramenta fiável, chamando a atenção para características mais subtis mas importantes de uma mamografia. Tal perspectiva tem encorajado vários grupos de investigação a estudar a possibilidade de um sistema baseado em computador que possa diagnosticar automaticamente anomalias numa mamografia com maior consistência ou reprodutibilidade. O trabalho relatado nesta tese é uma tentativa nesse sentido.

Num sistema automatizado de interpretação de mamografias, são procuradas anomalias dentro de uma imagem de raios X densamente capturada e digitalizada. Para mamografias digitalizadas (35 microns e 16 bits) são necessárias resoluções de quantização espacial e de escala cinzenta extremamente elevadas. Uma mamografia digitalizada pode ter até 12 milhões de pixels, quantificados a 16 bits de nível de cinzento. Isto representa 24 mega bytes de informação a serem analisados para cada mamografia. Esta extensa exigência de processamento diferencia a análise de mamografias digitais de quaisquer outras tarefas de processamento de imagens médicas. O maior desafio aqui reside na capacidade de distinguir entre ruído, tecidos normais, e anomalias tais como tumores ou microcalcificações.

As mamografias de raios X podem revelar muitos tipos de lesões mamárias. São três os principais tipos que indicam um possível cancro da mama:

- Microcalcificações
- lesões circunscritas
- lesões estelares

A maioria das lesões detectadas, no entanto, são de natureza benigna. Geralmente, distinguir as lesões benignas das malignas é a tarefa mais desafiante no diagnóstico por mamografia.

O foco desta tese é a detecção de microcalcificações utilizando o processamento de imagens difusas.

1.2 Processamento de Imagem Fuzzy

A maioria dos métodos de micro-calcificação-detecção relatados na literatura aborda o problema utilizando uma variedade de filtros para melhorar o sinal e suprimir as texturas de fundo na imagem original [9, 10, 11]. Em tal tarefa, o objectivo é isolar sinais úteis da informação de fundo. O resultado das fases iniciais de filtragem é uma imagem contendo pequenos objectos brilhantes sobre fundo relativamente homogéneo. As fases subsequentes tentam separar o sinal do ruído, utilizando diferentes métodos. As abordagens mais populares empregadas incluem o limiar adaptativo local e a erosão morfológica. Neste processo, em cada fase, a imagem é modificada e o resultado é passado para a fase seguinte como entrada. A força desta abordagem é que cada fase requer apenas algoritmos simples, que podem ser executados rapidamente.

A principal desvantagem de tal método é a possível perda do sinal que representa as microcalcificações devido a um melhoramento insuficiente, o que resulta num diagnóstico falso negativo. Pelo contrário, o ruído de fundo pode ser apresentado como um sinal importante devido a uma realce excessivo, levando a um diagnóstico falso positivo [12]. Além disso, em aperfeiçoamentos sucessivos, os erros introduzidos numa fase serão transportados para a fase seguinte e possivelmente amplificados. Outro problema que precisa de ser abordado é que uma decisão é desenvolvida através de várias fases. Uma vez eliminado um sinal fraco mas válido numa fase, pode falhar completamente na decisão final. Isto é conhecido como falso diagnóstico negativo e tem sido reconhecido como o cenário mais perigoso na despistagem de mamografias.

Para remediar tais deficiências, alguns dos últimos trabalhos relatados na literatura utilizam métodos difusos para segmentar as mamografias e para identificar várias anomalias. Os operadores difusos são utilizados para ultrapassar algumas das idiossincrasias dos dados das mamografias.

O termo teoria do conjunto difuso ou lógica difusa foi formalizado pela primeira vez por Zadeh em 1965 [14] e refere-se a modos de raciocínio, que é mais aproximado do que exacto [13]. De facto, o raciocínio humano é normalmente de natureza aproximada. Para citar Zadeh, "na lógica difusa, tudo é uma questão de grau" [13]. Em fuzzy, a verdade não é medida como mero verdadeiro ou falso, mas sim como "até que ponto é verdade".

Os métodos difusos têm um grande potencial em aplicações médicas, uma vez que o raciocínio e o diagnóstico médico são frequentemente difusos e incertos. Particularmente, no processamento de imagens médicas, os objectos produzidos pelos sistemas de imagem contêm algum grau de ambiguidade; geométrica, topológica e qualitativamente.

A imprecisão também caracteriza os processos de diagnóstico médico. Os sinais e objectos que são encontrados em aplicações médicas raramente têm fronteiras bem definidas. Além disso, do ponto de vista dos médicos, os seus diagnósticos são frequentemente não exactos, *por exemplo,* "*pode* ser um tumor" ou "este tumor é *bastante* benigno". É por isso que a teoria do conjunto difuso tem um grande potencial para modelar muitos processos médicos.

1.3 Foco da tese

Um sistema automatizado eficaz e eficiente de análise de mamografia tem um grande benefício potencial, devido ao número cada vez maior de pessoas que participam em programas de rastreio mamário e ao número limitado de radiologistas treinados disponíveis. Até esta data, os sistemas automatizados de detecção de mamografia não têm sido aplicados em grande escala e não têm estado disponíveis comercialmente.

Esta tese centra-se na investigação da adequação da lógica fuzzy na análise de mamografias digitalizadas. Mais especificamente, o alvo é definido como as pequenas lesões em mamografias conhecidas como microcalcificações, o que é considerado como o principal sinal do desenvolvimento de tumores. A lógica fuzzy será aplicada ao processo de detecção ao nível mais baixo da imagem, nomeadamente, ao nível do pixel. A detecção será efectuada através da avaliação da estrutura e da intensidade dos pixels em torno de um pixel suspeito e da sua comparação com os das lesões conhecidas.

Embora o trabalho relatado nesta tese possa não ser suficiente para desenvolver um sistema pronto para validação clínica, é uma tentativa de estabelecer uma base para futuras investigações sobre este tópico, desenvolvendo uma compreensão dos potenciais da teoria de conjuntos difusos no processamento digital de imagens.

1.4 Organização da tese

Uma visão geral do cancro da mama será apresentada no Capítulo 2. Isto incluirá a importância da detecção precoce do cancro da mama e a extensão da investigação realizada a nível mundial para reduzir a taxa de mortalidade causada pelo cancro da mama. Além disso, será descrito o alvo do estudo (as microcalcificações) e os problemas específicos a eles associados. Será também apresentada uma revisão dos estudos destinados a conceber um sistema automatizado de detecção de tumores.

O capítulo 3 abordará a questão da incerteza na imagiologia médica e a adequação da teoria do conjunto difuso para tais aplicações. Os algoritmos desenvolvidos neste trabalho para identificar microcalcificações numa mamografia serão descritos no Capítulo 4.

Para validar o sistema desenvolvido, foi realizada uma série de experiências. Os procedimentos experimentais e os resultados obtidos são descritos no Capítulo 5. O sistema desenvolvido será também comparado com um método nítido relatado na literatura para a detecção de microcalcificações.

Finalmente, no Capítulo 6 serão tiradas algumas conclusões e serão dadas recomendações para futuras investigações.

Chapter 2: Estudo de fundo

2.1 Introdução

Tem sido realizada uma grande quantidade de investigação sobre o cancro da mama. Este capítulo irá explicar a importância de tal investigação, que se deve à importância do cancro da mama em termos de taxa de incidência e mortalidade. Uma forma de reduzir a taxa de mortalidade do cancro da mama é tornar o processo de diagnóstico mais eficaz e eficiente. Para este objectivo, foram desenvolvidos sistemas de diagnóstico assistidos por computador. Neste capítulo será apresentada uma revisão de uma série de estudos realizados nesta área.

2.2 Visão geral do cancro da mama

O cancro da mama é a forma mais comum de cancro encontrada nas mulheres australianas, e também a causa mais comum de morte relacionada com o cancro entre as mulheres. De acordo com o National Breast Cancer Council of Australia [15], de 1990 a 1992, 7516 mulheres em média foram diagnosticadas anualmente com cancro da mama, enquanto 2458 mulheres em média morriam da doença todos os anos. A taxa de mortalidade entre 1982 e 1992 foi de cerca de 19 a 20 por cada 100000 mulheres-anos. O cancro da mama representa 25% de todos os cancros nas mulheres, causando 18,7% de todas as mortes por cancro na Austrália [3].

A causa do cancro da mama ainda é desconhecida, mas existem vários factores que se sabe aumentarem o risco de desenvolver cancro da mama. Estes incluem a idade, factor hereditário, factores reprodutivos, e possivelmente factores dietéticos [16]. Geograficamente, as taxas de incidência são mais elevadas na América do Norte, Reino Unido, Norte da Europa, e Austrália; e mais baixas na Europa do Sul e Oriental, Ásia e América do Sul [16]. As taxas de incidência entre os migrantes na Austrália seguem um padrão semelhante ao das taxas nos seus países de origem.

Existem vários métodos para o tratamento do cancro da mama, incluindo cirurgia, radioterapia, quimioterapia e terapia hormonal [17]. No entanto, a taxa de sucesso do tratamento depende da fase em que o cancro é detectado. Se o cancro ainda estiver localizado na mama, a taxa de sobrevivência de cinco anos é de cerca de 90%. Este número cai para cerca de 18% se o cancro se tiver propagado a outras partes do corpo. Isto sublinha a importância da detecção precoce do cancro da mama.

O método mais eficaz até à data para a detecção precoce do cancro da mama é a mamografia, devido à sua capacidade de detectar tumores muito antes de estes poderem ser sentidos. Isto é feito tomando a imagem radiográfica da mama em duas direcções: *cranio-caudal* (vista de cima para baixo) e *medio-lateral* ou oblíqua (vista lateral). No processo de exame, os ecrãs de filme das mamografias são examinados visualmente pelos radiologistas.

Existem vários tipos de anomalias mamográficas que podem indicar a presença de tumores mamários que podem ser classificados em três grupos [8]:

- anomalias discretas (incluindo calcificações e massas),
- alterações espaciais difusas,
- alterações físicas que ocorrem ao longo do tempo.

Calcificações e massas são os principais sinais de carcinomas malignos [18]. Contudo, as calcificações, ou mais especificamente as microcalcificações agrupadas, têm recebido mais atenção devido a duas razões:

- a sua importância como indicador precoce do tumor mamário, e
- sendo relativamente mais difícil de detectar em comparação com os outros tipos de lesões.

As microcalcificações são pequenos depósitos de cálcio que se formam no tecido mamário. Acredita-se ser "o resultado de um processo de secretariado activo por células tumorais, em vez da mineralização do tecido necrótico" [19]. São considerados como sendo o principal indicador de cancro da mama porque uma proporção significativa (30 a 40%) de carcinomas tem microcalcificações, o que leva à detecção destes carcinomas em fases iniciais [20].

Embora as microcalcificações possam assinalar a presença de tumor, nem todas elas são malignas. Algumas das microcalcificações visíveis são benignas. As calcificações malignas podem ser distinguidas das benignas pela sua forma, tamanho, e padrão de distribuição. As microcalcificações benignas tendem a ser maiores, mais arredondadas, menos numerosas, e de tamanho menos variável [21]. Pelo contrário, as microcalcificações malignas são geralmente numerosas e variam em forma e tamanho [18].

As microcalcificações tornam-se clinicamente significativas apenas quando aparecem em grupos de três ou mais dentro de uma área de 50x50 mm. A probabilidade de malignidade é ainda maior se o aglomerado contiver microcalcificações de ramificação e de fundição. Outra indicação de malignidade é quando a presença de microcalcificações não está associada a uma massa [18].

A ocorrência de microcalcificações carcinomatosas em mamografias, que aparecem como "grãos finos de sal", foi relatada pela primeira vez em 1950 [18]. Aparecem nas mamografias como pequenas manchas mais brilhantes do que o fundo, devido à sua maior radio-opacidade do que o tecido circundante.

Por vezes, as microcalcificações são difíceis de ver devido ao seu pequeno tamanho e baixo contraste. O diâmetro médio é apenas cerca de 300^m, e a maioria delas são inferiores a 700^m [9]. As de importância diagnóstica são geralmente mais pequenas do que 500^m [11]. Algumas microcalcificações têm baixo contraste ou porque estão localizadas nas partes mais densas do peito, ou porque ainda se encontram na fase inicial do seu desenvolvimento. Outra razão para o baixo contraste é a diminuição da dose de radiação das imagens mamográficas [22].

O grande número de mamografias que devem ser examinadas é outra dificuldade associada à mamografia. A maioria das imagens mamográficas são normais. Ou seja, apenas uma pequena proporção de mamografias numa mamografia pode conter microcalcificações. Por exemplo, no programa de rastreio britânico, menos de 1,5% das mulheres no programa de rastreio exibiram anomalias suficientemente significativas para serem seguidas por uma biópsia [8]. O processo de rastreio tornou-se uma tarefa avassaladora para o número limitado de radiologistas disponíveis. Além disso, a investigação sugere que a sensibilidade dos radiologistas diminui com um aumento do número de imagens a serem examinadas [23]. Isto reduz a eficácia do processo de rastreio.

Nos países desenvolvidos com elevadas taxas de incidência de cancro da mama (por exemplo, EUA, Reino Unido e Austrália), os seus governos ou autoridades sanitárias têm vindo a promover o rastreio regular da mama para cada mulher do grupo etário de alto risco. Uma única mamografia de base é sugerida entre os 35 e 40 anos de idade, seguida de mamografias regulares de dois em dois anos. As mulheres com mais de 50 anos devem submeter-se ao rastreio de rotina todos os anos. medida que a taxa de participação em tais programas aumenta, o número de mamografias também aumentará significativamente. Consequentemente, há necessidade de um método mais eficiente para examinar as mamografias.

A análise de mamografias é muito trabalhosa porque dois radiologistas são frequentemente obrigados a ler uma mamografia para reduzir o risco de diagnóstico incorrecto. Uma vez que apenas um pequeno número de mamografias contém anomalias, os radiologistas examinam principalmente imagens normais. Um sistema automatizado pode ser concebido para examinar as imagens e chamar a atenção dos especialistas para as regiões suspeitas, permitindo-lhes concentrarem-se nestes casos suspeitos.

Nos últimos anos, foram introduzidos sistemas de diagnóstico assistidos por computador para ajudar no processo de análise de mamografias, a fim de reduzir o custo e manter a sua eficácia. O objectivo final é desenvolver um sistema automatizado que possa realizar um exame completo de uma mamografia para qualquer tipo de anomalia. A intenção não é substituir completamente o perito humano; pelo contrário, o sistema automatizado actuará como uma ajuda ou assistente do perito. Tal sistema pode também fornecer ao perito uma segunda opinião [24, 22]. Isto deve-se em parte à complexidade e à natureza subjectiva do processo de diagnóstico. Até à data, nenhum dos métodos comunicados pode afirmar ter uma taxa de sucesso de 100%.

2.3 Abordagens de Processamento de Imagem para Análise de Mamografias

O processamento de imagens é definido na literatura (*por exemplo* [25, 26]) como um método para reorganizar a informação numa imagem digitalizada para dois fins:

1. Melhorar a aparência visual da percepção humana;
2. Preparar a imagem para medição e análise na percepção da máquina.

O primeiro objectivo visa melhorar a informação mais útil e suprimir as partes menos úteis, para que as características importantes possam ser melhor percebidas. A análise e interpretação da informação pictórica são feitas pelo observador humano. O segundo objectivo, por outro lado, visa a utilização do computador para efectuar a análise e a interpretação automaticamente. Um exemplo é a detecção da presença de um objecto de interesse, ou a medição das características do objecto ou estruturas.

Muitos esquemas de análise de mamografias foram concebidos com o segundo objectivo em mente, *ou seja,* detectar e relatar automaticamente a presença de microcalcificações, e verificar a malignidade das microcalcificações. Embora a investigação até agora não tenha produzido um sistema totalmente fiável, os métodos automatizados desenvolvidos podem fornecer uma "segunda opinião" ao diagnóstico do radiologista [22, 24]. Desta forma, podem também agir como 'prontidão'; ou seja, chamar a atenção do radiologista para regiões mais suspeitas numa imagem. A decisão final, no entanto, cabe ao radiologista.

A análise da mamografia digitalizada pode ser realizada em três fases [2]:

1. detecção e segmentação de objectos presentes numa imagem;

2. extracção das características dos objectos;

3. classificação ou avaliação da malignidade dos objectos.

A primeira fase destina-se a localizar as lesões ou anomalias na imagem que se assemelham a uma micro-calcificação. No entanto, nem todas as lesões são necessariamente motivo de preocupação. Muitas destas lesões são talvez apenas alterações normais ou benignas no tecido mamário, ou mesmo pó ou sujidade que são incrustadas no filme durante a mamografia. Nas fases posteriores da análise, tais objectos são classificados de acordo com a sua potencial malignidade.

Existem certos problemas associados às microcalcificações que não são normalmente encontrados em outras técnicas de imagem médica [9]. Um desses problemas é a variabilidade do tecido mamário normal que compõe o fundo de uma mamografia. Algumas microcalcificações podem estar localizadas numa parte mais densa da mama do que outras, caso em que a intensidade absoluta tanto do objecto como do fundo será maior, enquanto que o contraste será menor. A intensidade não homogénea do fundo não permite um limiar global baseado na intensidade dos píxeis. Outro problema é a pequena dimensão dos objectos de interesse, o que requer uma resolução espacial suficientemente elevada. O baixo contraste entre alguns dos objectos e o fundo é outro problema que requer uma resolução de alto nível de cinzento.

Considerando os problemas acima referidos, um bom método de detecção de microcalcificação deve satisfazer os seguintes requisitos [9]:

- Ser insensível à variação de intensidade no fundo. Isto significa que a intensidade absoluta do fundo ou dos objectos é menos importante do que a diferença ou o contraste entre os dois.

- Ser adaptável ao nível de ruído dentro de uma vizinhança. A presença de ruído não deve reduzir a sensibilidade do algoritmo.
- Ser robusto em relação ao tamanho e forma das anomalias. As microcalcificações aparecem em várias formas e tamanhos. Assim, o algoritmo não deve ser treinado para encontrar objectos com uma forma particular ou um tamanho exacto. Embora, a pesquisa possa ser limitada a uma gama de valores que reflictam as dimensões dos objectos clinicamente importantes.

Uma extensa revisão dos esquemas de análise de mamografias foi levada a cabo por Astley [8]. Este estudo inclui também métodos desenvolvidos para anomalias de não-ciccificação tais como tumores ou massas bem definidas [27, 28]; comparação entre mamografias sucessivas [29]; e comparação entre os seios direito e esquerdo [30]. As secções seguintes irão rever outros métodos que são relatados na literatura, especialmente aqueles que se destinam especificamente à detecção de microcalcificações.

2.4 MÉTODOS DE DETECÇÃO DE MICROCALCIFICAÇÃO

Os métodos de detecção de microcalcificações relatados na literatura podem ser divididos em dois grupos principais: os que procuram as microcalcificações removendo a textura de fundo e/ou realçando os pequenos objectos, e os que realizam a segmentação na imagem e extraem as características da região segmentada para encontrar as microcalcificações.

2.4.1 Remoção de antecedentes e melhoramento de objectos

Nesta abordagem, a detecção é realizada em duas fases. As estruturas de fundo são removidas da imagem e pequenos objectos que se assemelham a microcalcificações são melhorados. Em seguida, os objectos extraídos são processados e melhorados, para remover objectos falsos e ruído.

Esta abordagem utiliza o paradigma de processamento de sinais, em que os componentes da imagem são definidos em termos de sinais com diferentes frequências. Diz-se que uma imagem ou um objecto de imagem tem uma frequência elevada se a intensidade de píxeis mudar rapidamente no domínio espacial. As imagens de baixa frequência, pelo contrário, são feitas de pixels cujos valores diferem apenas ligeiramente. No caso de detecção de microcalcificação, o objecto de interesse, que é a própria microcalcificação, é considerado como um sinal de alta frequência. Por outro lado, o fundo, que é constituído pelo tecido mamário normal, é considerado como um sinal de baixa frequência.

No processamento de sinais, é comum utilizar filtros para separar os componentes de um sinal que têm frequências diferentes. As formas mais simples de filtros são os filtros de alta e baixa passagem. Como o nome sugere, um filtro passa-alto preserva os componentes de alta frequência, suprimindo ao mesmo tempo os de baixa frequência. O oposto aplica-se aos filtros passa-baixo. O processamento de imagem, como uma extensão do processamento de sinal, também utiliza filtros no domínio espacial para separar os componentes de uma imagem. Existem várias teorias e métodos para implementar filtros baseados na frequência no domínio espacial.

2.4.1.1 Análise de alta frequência

O processo de remoção de fundo é essencialmente um processo de filtragem de alta passagem. No domínio espacial, existem várias técnicas e métodos para implementar a filtragem.

A Nishikawa [10] utiliza uma técnica chamada *difference-image*, que utiliza filtros passa-alto e passa-baixo. A imagem em bruto é processada separadamente através de cada filtro. O filtro passa-baixo suprime pequenos objectos, enquanto que o filtro passa-alto os enfatiza. A imagem filtrada passa-baixo é então subtraída da imagem filtrada passa-alto, deixando os objectos sobre um fundo relativamente plano. Para o filtro passa-alto, é utilizado um kernel fixo 3x3 ou máscara filtrante. O ponto fraco deste método é que lesões maiores do que o tamanho do kernel irão diminuir tanto em tamanho como em intensidade.

A técnica da diferença de imagem é também utilizada por Dengler [9] para separar os objectos. Para o filtro passa-alto, é utilizado um filtro de base gaussiana. Isto tem uma vantagem sobre o núcleo de Nishikawa, uma vez que a largura do filtro é ajustável para se adaptar a objectos com tamanhos diferentes. Ainda assim, em cada operação só pode ser utilizado um tamanho particular do filtro. Se os tamanhos dos objectos variarem muito, objectos muito maiores ou muito mais pequenos do que o tamanho do filtro podem não ser utilizados ou ser significativamente reduzidos.

Outra variação da diferença-imagem como a utilizada por Mascio [31] utiliza dois filtros para analisar os sinais de alta frequência: um filtro redondo *de alta frequência*, que é essencialmente o mesmo que a técnica da diferença-imagem, e um filtro de *textura*, que combina os processos de erosão e dilatação. O primeiro filtro enfatiza objectos com limites bastante nítidos maiores do que vários pixels, enquanto que o segundo enfatiza detalhes pequenos e texturizados na imagem.

A filtragem de alta passagem também pode ser feita utilizando a transformada de onda, como é feito por Lo [7]. Uma breve descrição do wavelet é apresentada na secção seguinte. É relatada a realização de uma transformação wavelet de 3 níveis, após o que o compartimento de frequência mais baixa é removido e, subsequentemente, a imagem é reconstruída com a transformada wavelet inversa. A imagem filtrada de alta passagem é então submetida a vários níveis para extrair todos os pontos suspeitos. A utilização do método de thresholding tem um inconveniente que será discutido mais tarde.

2.4.1.2 Análise da textura

Outro método para distinguir as microcalcificações do fundo é a análise da textura. A textura pode ser definida como uma variação única no brilho [25]. Uma forma de analisar a textura é considerando a não uniformidade local dos pixels, tal como feito por Cheng [32]. Postula-se que os pixels de microcalcificação podem ser distinguidos dos pixels normais do tecido mamário de acordo com as suas não uniformidades locais, que são calculadas a partir das suas variações locais (uma quantidade estatística dos valores do nível de cinzento dos pixels vizinhos). No método de Cheng, os pixéis com baixas variações são removidos, deixando algumas estruturas de fundo curvilíneas, que são ainda removidas através do cálculo do comprimento e alongamento das curvas. O relatório não explica como estas quantidades são determinadas.

A análise Wavelet é outro método mais eficaz de análise de texturas e surgiu ultimamente como um dos métodos populares de análise de mamografias [11, 22, 24, 33]. A explicação completa da teoria wavelet está para além do âmbito desta tese. Para efeitos de fundo, basta dizer que qualquer sinal tem dois componentes característicos: frequência e tempo. No processamento de imagens, o domínio do tempo é análogo ao domínio espacial. A transformação wavelet é capaz de extrair as componentes de frequência e tempo de um determinado sinal, utilizando uma função de base que tem dois parâmetros: resolução (ou escala) e tradução [22]. O desafio é encontrar os valores correctos para estes parâmetros, a fim de realçar os objectos cujos parâmetros se assemelham aos de uma microcalcificação.

Nesbitt [11] utiliza a transformação wavelet de forma semelhante a Lo [7], que é discutida anteriormente. A transformação wavelet é executada a vários níveis, depois são realçadas certas escalas com diferentes factores de peso e a imagem reconstruída através da transformação wavelet inversa. A segmentação dos objectos é feita por limiares adaptativos, com base na média e desvio padrão das intensidades de píxeis na sub-imagem que contém o objecto.

O trabalho relatado por Yoshida [24] é uma extensão do trabalho relatado em [10], discutido acima. Basicamente, a abordagem é a mesma do seu trabalho anterior, excepto que a transformação do wavelet substitui o filtro passa-alto. Um método de aprendizagem supervisionado é utilizado para afinar o wavelet para obter os parâmetros correctos. O método da transformada wavelet tem uma sensibilidade de 95%, em comparação com os 85% produzidos anteriormente.

Naghdy *et al.* [33] utilizam o ambiente de duas camadas de ondas Gabor e rede neural para detectar as microcalcificações. A onda de Gabor não é apenas sensível à frequência, mas também às orientações dos sinais no domínio espacial. Os parâmetros da onda de Gabor são sintonizados utilizando um classificador de rede neural adaptável e de teorias fuzzy. A taxa de classificação relatada é de cerca de 93%.

Dhawan [19] combina a decomposição wavelet com estatísticas de histograma de segunda ordem de nível cinzento para analisar texturas. A primeira é utilizada para representar a textura local da área de microcalcificação, enquanto a segunda é utilizada para representar a textura global.

Outra abordagem à análise da textura é a teoria fractal [34]. Usando este método, o fundo pode ser identificado como as regiões com elevada auto-similaridade local (em comparação com as microcalcificações que têm menos estrutura) e, portanto, pode ser removido. O resultado é relatado como sendo igual ou melhor do que o método wavelet. É também relatado que este método pode remover mais estruturas de fundo do que o wavelet, mas não é tão bom como o wavelet na preservação das formas gerais dos pontos.

As características textuais também podem ser calculadas a partir das matrizes de co-ocorrência, que são uma medida da frequência com que ocorrem na imagem pares de níveis de cinzento de pixels, separados por uma certa distância ao longo de uma determinada direcção. Isto é relatado em [35]. As matrizes de co-ocorrência são calculadas a partir dos sinais de saída de um banco de filtros-espelho de quadratura (QMF), que consiste em filtros passa-altos e baixos.

2.4.2 Pós-processamento de imagens de fundo removidas

Processos de remoção de antecedentes, tais como descritos na subsecção anterior, ainda não produzem o resultado final. Embora a maior parte do fundo irrelevante tenha sido removido, alguns 'fantasmas' ou resíduos das texturas de fundo ainda permanecem. Além disso, podem existir alguns outros objectos que se assemelham às lesões reais e por isso passam através dos filtros passa-altos, mas não são de interesse para o diagnóstico. Estes podem ser objectos (tais como sujidade ou pó) que emergem durante o processo de filmagem, grãos no ecrã do filme, ou ruído electrostático produzido no processo de digitalização. São geralmente muito pequenos ou têm um elevado contraste em relação ao fundo. O pós-processamento é necessário para remover os objectos irrelevantes.

A maioria dos métodos de pós-processamento utiliza operadores morfológicos para remover o ruído com base num tamanho específico; por exemplo, objectos com menos de três pixels. O contraste dos objectos em relação ao fundo é outro critério de selecção.

O limiar binário é quase sempre utilizado em alguma fase do pós-processamento. Devido a isto, o resultado final é binarizado a zero e um, representando o fundo e os objectos, respectivamente. Tem sido argumentado [35, 19] que a segmentação binária não é adequada para imagens de mamografia devido ao fraco contraste em alguns objectos, o que torna difícil desenhar com precisão a fronteira entre o objecto e o fundo. A binarização tem uma desvantagem: remove as incertezas inerentes aos objectos. Por exemplo, alguns objectos têm fronteiras difusas. De um ponto de vista médico, a crocância (ou a confusão) dos limites de um objecto pode ter algum significado na distinção entre lesões benignas e malignas.

Outra desvantagem da detecção da microcalcificação através da abordagem de remoção de fundo é que a imagem é alterada em cada fase do processo. Em cada fase, pode perder-se alguma informação. Esta informação, que contribui para as incertezas do objecto, pode ter um significado secundário; no entanto, pode ajudar a criar uma classificação mais precisa.

2.4.3 Análise de contornos

Uma abordagem que não envolve a remoção do fundo é proposta pela Bankman [12]. A fim de explicar esta abordagem, a mamografia é considerada como um mapa topográfico onde a altura da "paisagem" é representada pelos valores de intensidade dos pixels. Nesta visualização, as microcalcificações aparecerão como colinas ou picos salientes de um fundo relativamente plano.

As "colinas" podem ser detectadas desenhando primeiro linhas que ligam os pixels adjacentes com as mesmas intensidades, vulgarmente conhecidas como contornos. A área em torno de um pico terá vários contornos concêntricos. Uma microcalcificação pode ser identificada a partir dos contornos, avaliando o número de contornos concêntricos e o tamanho do contorno mais exterior.

Para determinar se um conjunto de contornos concêntricos é uma micro-calcificação, são avaliadas três características: partida, proeminência e declive. A partida é uma medida da nitidez do bordo percebido do objecto, que também marca o perímetro do objecto. A proeminência reflecte a luminosidade relativa do objecto em comparação com o fundo. A inclinação é o declive da paisagem, que dá uma medida de se o objecto tem uma aresta viva ou uma aresta difusa.

Esta abordagem tem o potencial de extrair a informação sobre a imagem, no seu estado original.

Outra abordagem com estratégia semelhante é utilizada por Cairns [36], que também utiliza contornos. Ao contrário do método de Bankman onde os contornos são derivados da intensidade dos pixels, na abordagem de Cairn os contornos são gerados pela ligação de contornos-cues, que são derivados dos gradientes dos pixels. Os gradientes propriamente ditos são extraídos com o método de detecção de bordas Sobel. O inconveniente deste método é quando a borda do objecto não está claramente definida, caso em que existem vários contornos possíveis para um objecto.

2.5 CLASSIFICAÇÃO DE OBJECTOS

O objectivo da análise das microcalcificações é classificar os objectos detectados numa das seguintes categorias [20]:

- altamente suspeito de malignidade,
- definitivamente benigno, ou
- indeterminado.

Nos métodos de detecção de microcalcificação revistos, a classificação baseia-se geralmente nas características extraídas dos objectos após a fase de detecção. Alguns dos trabalhos revistos nesta área, no entanto, concentram-se unicamente nos métodos de classificação sem descrever os processos de detecção, segmentação e extracção de características.

2.5.1 Características utilizadas para a classificação

As características utilizadas para a classificação podem ser divididas em dois grupos [37]. O primeiro consiste em características com correlação directa com os sinais radiográficos característicos de malignidade conhecidos pelos radiologistas. Isto significa que os traços podem ser descritos pelo perito, pelo menos qualitativamente. Estas incluem, por exemplo, o número de microcalcificações num agrupamento, o tamanho e a forma da microcalcificação individual, e assim por diante.

O segundo grupo de características são as que dão uma boa separação entre as distribuições de casos malignos e benignos. Estas são as características que podem não ser facilmente óbvias ou que não puderam ser percebidas conscientemente por um radiologista. Estas incluem, por exemplo, características que têm de ser calculadas a partir das estatísticas dos valores numéricos dos pixels na área de microcalcificação. Os dois parâmetros da transformação do wavelet [24, 33] podem ser considerados neste grupo.

As características do primeiro grupo são mais fáceis de definir, mas podem ser difíceis de medir. Por exemplo, a medição do tamanho do objecto requer o esboço dos objectos, o que pode ser difícil para aqueles com limites difusos. Pelo contrário, as características do segundo grupo podem ser mais fáceis de calcular, mas não são facilmente óbvias quanto ao facto de fornecerem os critérios discriminatórios eficazes. Os métodos de detecção relatados utilizam as características do primeiro grupo apenas, ou uma combinação das características do primeiro e segundo grupos. Cairns [36] utiliza sete características: tamanho, forma, brilho, homogeneidade, arestas, e agrupamento; todas elas caem no primeiro grupo porque são facilmente observáveis visualmente.

Um trabalho de Aghdasi [38] avaliou mais de 100 características de microcalcificações individuais e agrupadas, incluindo: variáveis fotométricas (*por exemplo*, média e variância de intensidades, parâmetros de histograma, *etc.*); variáveis de tamanho (área, perímetro e raio); variáveis de forma (incluindo compactação e alongamento); variáveis de rugosidade; e algumas outras. Utilizando o método de classificação utilizado neste trabalho, cinco características emergem como tendo o poder discriminatório mais elevado. Estas são: número de microcalcificações, inércia mínima, compacidade mínima, desvio padrão normalizado da área e desvio padrão normalizado do perímetro.

Hall [1] utiliza sete características principais incluindo área, forma, resistência média da borda, variação da resistência da borda, contraste, desvio padrão do objecto mais o desvio padrão de fundo, e as características energéticas das Leis.

Como diferentes métodos de detecção de microcalcificações utilizam conjuntos diferentes de características como critérios de classificação, não é claro quais são as características mais eficazes para identificar microcalcificações. Cada método utiliza técnicas diferentes para medir as mesmas características. Por exemplo, medir o tamanho de um objecto a partir da sua representação binarizada e a partir da representação fuzzificada pode dar resultados diferentes. Parece que a escolha de características discriminantes depende da forma como as características são extraídas e dos métodos de classificação utilizados.

2.5.2 Métodos de classificação

A classificação pode ser feita simplesmente determinando se os valores das características caem no intervalo de aceitação correspondente, tal como feito pelo Bankman [12]. O intervalo de aceitação é normalmente determinado a partir das estatísticas de uma série de amostras ou de um conjunto de formação. Bankman [12] informa que com esta abordagem simples e utilizando três características, o algoritmo é capaz de detectar os aglomerados e rejeitar as outras estruturas e artefactos sem falso aglomerado. No entanto, o conjunto de teste consiste apenas em duas imagens. Não é certo como o sistema irá funcionar com um maior número de casos de teste.

Um esquema de agrupamento chamado *Isaac* é proposto por Estevez [39]. Este esquema classifica as microcalcificações candidatas de acordo com cinco características textuais e quatro características de histograma de diferença. O processo de agregação compreende a agregação selectiva e a adaptação interactiva. Na fase de agregação, os dados são separados de acordo com o espaço de características em grupos que representam os objectos verdadeiros e os falsos. A fase de adaptação interactiva permite ao radiologista melhorar o resultado do agrupamento, identificando objectos falsos e excluindo-os dos verdadeiros agrupamentos de objectos.

No trabalho de Aghdasi [38] que é mencionado anteriormente, havia inicialmente mais de 100 características a considerar. Estas características são computadas estatisticamente utilizando um pacote de análise estatística comercial para calcular as estatísticas de Fisher, que indicam o poder de discriminação de cada característica. Utilizando este método, a característica com maior poder de discriminação tem uma precisão de classificação de 89,7%.

Um seguimento do trabalho do Bankman é relatado em [40], em que a classificação é feita por uma rede neural feedforward. As características, que são utilizadas como entradas para a rede neural, são as mesmas do trabalho anterior, mais quatro características adicionais: distinção, compacidade, declive médio e área do contorno de base. O sistema modificado foi testado em 18 imagens. O resultado foi uma sensibilidade de 93% com 1,56 aglomerado falso por imagem.

A rede neural é também utilizada por Jiang [37] em conjunto com o método de detecção semelhante ao relatado em [10]. As entradas da rede neural são as seguintes características: área de agrupamento e circularidade, número de microcalcificações por agrupamento, e por unidade de área, distância média entre microcalcificações, área média e volume efectivo de microcalcificações, e a segunda maior irregularidade medida para microcalcificações num agrupamento. O sistema classifica correctamente 38 de 40 aglomerados malignos, e 34 de 67 aglomerados benignos.

A lógica difusa e as suas variações também foram utilizadas, *por exemplo,* [2, 41, 42]. Murshed *et al.* [41, 42] usam um sistema de classificação baseado em Fuzzy-ARTMAP para a detecção de células cancerosas em imagens microscópicas. Embora o objecto seja diferente, o sistema pode provavelmente ser modificado para classificar também as imagens mamográficas. O sistema fuzzy ARTMAP é na realidade um derivado da rede neural e não uma lógica fuzzy 'real'.

Uma versão fuzzificada de um classificador de árvore de decisão bem estudado, C4.5, é utilizada no trabalho de Hall [1] para classificar microcalcificações com base nas sete características principais descritas anteriormente. A árvore de decisão C4.5 é originalmente um sistema de árvore binária. Neste trabalho, a saída da árvore de decisão é fuzzificada para melhorar a precisão da classificação.

Bothorel *et al.* [2] é um dos primeiros a implementar um algoritmo 'real' de segmentação difusa e classificação para análise de microcalcificações. O método de segmentação difusa preserva as ambiguidades de um objecto através da extracção de vários contornos possíveis que marcam a fronteira do objecto. Cada um dos contornos possíveis terá um valor de membro diferente, denotando a probabilidade de o contorno ser a verdadeira fronteira. Portanto, na fase de classificação, a classificação de um objecto não se baseia apenas nas características de um único contorno, mas também em todos os contornos possíveis.

Um sistema neurofuzzy para modelação de dados de entrada e saída foi investigado por Bridgett [43]. Este sistema destina-se a fazer parte de uma estação de trabalho inteligente em oncologia, que não só analisa as lesões como também pode sugerir possíveis métodos de tratamento.

2.6 CONCLUSÃO

Este capítulo passou em revista trabalhos de investigação significativos de detecção automática de microcalcificações. Há muitas abordagens que foram investigadas, cada uma com um grau de eficácia variável. Não é possível nesta fase comparar com precisão a eficácia de cada método, porque os métodos de validação utilizados são diferentes. Além disso, as imagens de teste têm diferentes graus de subtileza e resoluções. Um algoritmo pode ter um desempenho diferente se for testado utilizando imagens com diferentes resoluções espaciais ou de intensidade.

Os métodos de detecção que requerem melhoramento de imagem (que causam a alteração de imagens) podem perder alguma informação da imagem original. Outros métodos de detecção que operam directamente sobre uma imagem inalterada podem ter mais hipóteses de detectar correctamente os objectos.

Capítulo 3: Incerteza nas imagens médicas

3.1 Introdução

A tomada de decisões e o diagnóstico de base humana nas ciências naturais, como a medicina, são geralmente propensos a um grau de incerteza. A modelização matemática de tais processos utilizando lógica e matemática precisas não será bem sucedida uma vez que a abordagem não corresponde à natureza do processo. A lógica difusa, por outro lado, fornece os meios para descrever e manipular a incerteza. Isto tornou a teoria do conjunto difuso um método atractivo para modelar o processo de diagnóstico em medicina, incluindo a análise e interpretação de imagens médicas.

Este capítulo irá explorar a natureza da incerteza na medicina em geral e no processamento da imagem médica em particular. Em seguida, irá rever vários métodos utilizados para modelar a incerteza com maior ênfase na teoria do conjunto difuso.

3.2 Incerteza na Análise Médica

O processo de diagnóstico e de tomada de decisões em medicina é inerentemente afectado pela incerteza e imprecisão. A incerteza e a imprecisão provêm de duas fontes [44]:

1. a incerteza no conhecimento médico sobre a relação entre os sintomas e a doença, e
2. a incerteza no conhecimento sobre o objecto em observação (neste caso, o paciente ou uma substância retirada do paciente).

O processo de diagnóstico começa com a percepção dos sintomas, seguido do reconhecimento dos sintomas e da conclusão sobre a doença. Isto pressupõe que a informação sobre a doença e os sintomas já se encontra no conhecimento de referência. O processo de diagnóstico, no qual o conhecimento observado é comparado com o conhecimento de referência, está sujeito aos seguintes elementos de incerteza [45]:

- informação imprecisa
- informação imprecisa
- informação em falta
- informação contraditória.

A informação imprecisa é o resultado da percepção subjectiva e qualitativa dos objectos no mundo real pelo ser humano. Por exemplo, "um pêssego" pode ser descrito como uma espécie de fruto com uma forma bastante redonda, uma extremidade ligeiramente pontiaguda e uma semente grande. Nesta descrição, as características são todas expressas em termos qualitativos (*redondo, grande*), que são imprecisas. Além disso, são utilizadas palavras modificadoras adicionais para descrever as intensidades dos termos qualitativos (*bastante* redondo, *ligeiramente* pontiagudo), o que aumenta a incerteza.

No exemplo acima, a descrição sobre um objecto (um pêssego) é vaga, devido à imprecisão inerente à percepção humana. A descrição não é específica porque a mesma descrição pode ser aplicada a um tipo de fruta diferente mas semelhante (por exemplo, uma ameixa ou um damasco). A informação fornecida pela descrição não é suficiente para distinguir um pêssego de uma ameixa ou um damasco (resultado de informação incompleta ou imprecisa). Para este efeito serão necessárias informações adicionais; por exemplo, acrescentando declarações sobre outras características na descrição (*por exemplo,* cor), ou descrevendo uma característica com maior precisão ou como comparação (por *exemplo*, uma ameixa é *mais pequena* do que um pêssego).

O reconhecimento é basicamente um processo de comparação da descrição de um novo objecto com as descrições de objectos conhecidos (objectos que foram encontrados anteriormente). A incerteza no processo de reconhecimento resulta da comparação do objecto desconhecido com objectos semelhantes, em vez de idênticos [46]. Numa situação normal, dois objectos podem ser considerados idênticos se tiverem um elevado grau de semelhança entre eles. Na realidade, porém, os objectos naturais nunca são exactamente idênticos.

A incerteza na tomada de decisões resulta de informações contraditórias recebidas de vários peritos. Muitas vezes, peritos diferentes exprimem opiniões diferentes sobre uma situação.

3.3 IMPRECISÃO EM IMAGENS MÉDICAS

O diagnóstico médico realizado com base no exame de imagens médicas pode sofrer da imprecisão inerente das imagens. As fontes de imprecisão nas imagens médicas são as fronteiras indefinidas dos objectos, variação interindividual, descrição vaga, redução da resolução, e complexidade das formas.

3.3.1 Limites indefinidos

Os objectos de uma imagem médica têm muitas vezes limites confusos ou confusos. Isto torna difícil a definição das dimensões físicas dos objectos. Uma das tarefas mais comuns de processamento de imagem em aplicações médicas gira em torno da definição dos limites entre diferentes objectos ou regiões de uma imagem. A imprecisão dos limites é o resultado de várias causas:

- fronteira borrada entre tecidos de diferentes órgãos,
- limite desfocado devido ao movimento durante o processo de imagem,
- dispersão de raios X por tecidos densos,

- o ruído produzido durante o processo de digitalização (no caso de imagens digitalizadas).

Os limites entre microcalcificações e o tecido de fundo nas mamografias, em particular, são muitas vezes confusos. A determinação do limite das microcalcificações é uma tarefa crucial, uma vez que o processo de classificação pressupõe a presença de uma fronteira. A forma e tamanho de uma microcalcificação só pode ser determinada após a definição da borda.

3.3.2 Variação Inter-individual

Uma vez que cada indivíduo é único, os mesmos órgãos de pessoas diferentes nunca são exactamente os mesmos, embora tenham características semelhantes. A forma de uma mão, por exemplo, é a mesma para todos. Mas o comprimento dos dígitos, a largura da palma, e o padrão das linhas na palma têm uma grande variação de uma pessoa para outra. A variação interindividual também se aplica às lesões.

3.3.3 Descrição vaga

Como explicado na secção anterior, os objectos são muitas vezes descritos com descrições vagas e inexactas. A descrição vaga de um objecto é causada pela variação interindividual. É aqui que a análise da imagem médica difere de outras áreas de processamento de imagem. Por exemplo, na análise de uma imagem de uma linha de produção como parte de um procedimento de controlo de qualidade, o menor desvio de um objecto em relação ao modelo prescrito pode ser imediatamente identificado como um erro. Na análise médica, por outro lado, deve ser permitida alguma tolerância para acomodar a variação.

3.3.4 Redução da Resolução

Na transformação de imagens analógicas em digitais, alguma informação pode perder-se devido à mudança de sinal analógico ou contínuo em elementos de imagem ou pixels discretos. O tamanho do elemento de imagem determina o tamanho e a resolução espacial dos pixéis. Um pequeno objecto pode estar sub-representado se a resolução espacial for demasiado baixa. Outro aspecto da resolução é a resolução cromática e luminosa, ou o número de cores e intensidades de brilho que podem ser representadas na imagem. Isto é determinado pela sensibilidade do equipamento de imagem e pelo número de bits que representam cada pixel.

A resolução é particularmente relevante para a detecção de microcalcificação em mamografias devido ao seu pequeno tamanho e baixo contraste.

3.3.5 Formas complexas

A forma de um órgão ou lesão pode ser demasiado complexa para ser descrita com exactidão. Por exemplo, a imagiologia do tronco cerebral é um grande problema. Felizmente, as microcalcificações têm uma forma simples para a imagiologia digital e não causam qualquer problema a este respeito.

3.4 Manuseamento de Incertezas na Base de Conhecimento

Num processo de análise médica automatizado, as relações entre sintomas e doença (a base de conhecimentos) devem ser expressas simbolicamente de forma a poderem ser manipuladas e interpretadas digitalmente por um computador. Dado que estas relações raramente podem ser modeladas como equações matemáticas, a base de conhecimentos toma geralmente a forma de "regras de produção", tais como as seguintes:

SE X = A ENTÃO Y = B

onde X representa os sintomas e Y representa a doença. A regra implica que a conclusão (Y = B) é verdadeira se o antecedente ou condição (X = A) for satisfeito. A regra também contém componentes incertos no antecedente, conclusão e inferência [45]. Como exemplo, considere a seguinte regra:

Se (temperatura corporal está quente) então (febre está presente)

Uma vez que a temperatura é normalmente medida numericamente (*por exemplo*, temperatura = 37°C), o antecedente da regra acima não pode ser avaliado sem primeiro definir o que é "quente". No sistema lógico convencional (ou lógica "crisp"), isto é feito através da definição de um limite para diferenciar diferentes situações. Por exemplo, suponha-se que qualquer temperatura superior a 37°C é considerada quente. A regra torna-se então:

Se (temperatura corporal > 37°C) então (a febre está presente)

A incerteza no antecedente advém do facto de que uma pequena diferença de temperaturas (*por exemplo,* entre 36,9 e 37,1°C) pode não ter qualquer efeito significativo no que diz respeito à doença, mas a inferência da regra produziria resultados totalmente diferentes. A temperatura de 36,9°C será considerada fria, enquanto 37,1°C é quente. Pessoas diferentes podem ter níveis de resistência física diferentes. Assim, um limite exacto no antecedente nem sempre pode ser definido para toda a população. Outro componente de incerteza provém da medição inexacta da temperatura, que está sujeita à precisão do equipamento de medição.

A conclusão da regra de crisp frequentemente não fornece um resultado muito informativo. Uma classificação da conclusão poderia ser mais útil para decidir o tratamento. Por exemplo, a presença de febre pode ser expressa em diferentes graus: sem febre, febre ligeira, febre alta, *etc*.

A inferência da regra também contém um grau de incerteza. A febre está sempre presente quando a temperatura corporal atinge 37°C? Uma temperatura elevada pode ser o resultado de outra condição física, pelo que a inferência nem sempre é verdadeira. É certamente necessário um indicador da probabilidade de a inferência ser verdadeira. Segundo Leung [46], existem algumas abordagens comuns para lidar com a incerteza na base de conhecimentos: Abordagem Bayesiana, factores de certeza, teoria Dempster-Shafer das provas, e lógica difusa. Duas das mais comummente utilizadas são explicadas abaixo.

3.4.1 Factor de Certeza

O Factor Certeza (FC) é utilizado em muitos sistemas de peritos onde a incerteza no processo de raciocínio é reconhecida [45]. Por exemplo, suponha que a regra no exemplo acima é definida com um FC de 0,9. No entanto, não fornece uma indicação clara se o FC indica o grau ou intensidade da situação declarada como conclusão (*ou seja,* quão má é a febre?), ou se reflecte a probabilidade da inferência ser verdadeira se o antecedente for satisfeito. Este sistema é utilizado, por exemplo, no sistema de apoio à decisão MYCIN.

3.4.2 Teoria do Conjunto Fuzzy e Lógica Fuzzy

A lógica difusa lida com a imprecisão no processo de inferência ao lidar com a entrada e saída não como números precisos, mas sim como graus de verdade. A teoria do conjunto difuso torna possível estimar informação imprecisa como valores difusos que podem ser usados para calcular o valor difuso esperado, levando a uma decisão nítida [47].

Considere novamente o exemplo acima. A lógica da crise aborda o conceito de "quente" ao definir uma fronteira nítida para distinguir "quente" e "não quente" (*ou seja*, frio). A lógica difusa, contudo, pode abordar este problema atribuindo diferentes graus de verdade para a afirmação "a temperatura é quente". Ou seja, cada temperatura tem um *valor de membro* no *conjunto de temperaturas quentes*. O valor de adesão para cada temperatura pode ser determinado por uma *função de adesão*. A Figura 3.1 ilustra uma possível função de associação para definir a temperatura quente. De acordo com esta função de associação, por exemplo, 36,9°C tem um valor de associação de 0,9 no conjunto de temperaturas quentes. Isto significa que a afirmação "36,9°C é quente" é verdadeira até um grau de 0,9, e portanto 36,9°C não é totalmente frio.

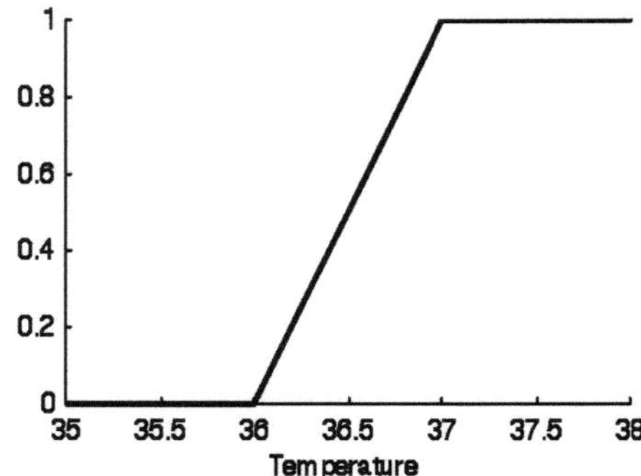

Figura 3.1. Função de membro para "temperatura quente".

Utilizando os valores de adesão, a incerteza na entrada (ou no antecedente) da regra de inferência pode ser reflectida na saída da regra de inferência. Ao definir as funções de membro para os conceitos difusos que compõem a base de conhecimentos, pode ser desenvolvido um sistema especializado que segue de perto o pensamento humano e o método de raciocínio.

3.5 Aplicações da Teoria do Conjunto Fuzzy

O desenvolvimento precoce da lógica fuzzy tinha sido principalmente nos sistemas de controlo. Uma vasta gama de produtos comerciais foi concebida com lógica difusa como os seus controladores; de torradeiras a máquinas de lavar; de controladores de elevadores a um comboio eléctrico de metro no Japão [48]. A lógica fuzzy tornou-se tão popular para o público em geral, particularmente no início dos anos 90, que o nome lógica fuzzy foi amplamente utilizado (e mal utilizado) na publicidade de electrodomésticos para tornar os produtos mais atractivos. Tais produtos, em comparação com os "convencionais", eram alegadamente mais versáteis, mais eficazes e mais eficientes.

Foram realizados vários estudos para avaliar a utilidade da lógica fuzzy em aplicações relacionadas com a medicina. Os primeiros estudos foram centrados em sistemas de apoio à decisão médica (MDSS) no diagnóstico de sintomas. Noutro campo da engenharia, a lógica fuzzy também foi aplicada para o processamento e análise de imagens. À medida que as duas áreas de estudo convergem, a teoria fuzzy set foi também aplicada na análise de imagens médicas.

Uma razão importante para investigar o uso da lógica difusa no processamento de imagens é declarada por Tizhoosh: "... a lógica difusa fornece-nos um quadro matemático para a representação e processamento do conhecimento especializado" [49]. Assim, a lógica difusa fornece os meios para colmatar a lacuna entre a imprecisão dos conceitos linguísticos e a natureza numérica das imagens digitalizadas.

3.5.1 Implementações da Teoria do Conjunto Fuzzy

Existem várias aplicações da teoria do conjunto difuso no processamento e compreensão da imagem. Algumas das técnicas, por ordem de relevância teórica e prática para este trabalho, incluem agrupamento fuzzy, abordagem baseada em regras, geometria fuzzy, medida de imprecisão, teoria de medida fuzzy, morfologia fuzzy, e gramática fuzzy [49]. Os dois primeiros, sendo os mais estudados e investigados, são explicados abaixo.

3.5.1.1 Agrupamento difuso

O agrupamento é o processo de separar vários dados em vários grupos, de modo a que a informação no mesmo grupo tenha propriedades semelhantes. Existem dois tipos de agrupamento, com base no pressuposto inicial: *agrupamento não supervisionado*, onde não existe conhecimento ou pressuposto inicial sobre o número de agrupamentos e os critérios de definição; e *agrupamento supervisionado*, onde existe alguma forma de intervenção para chegar a um resultado esperado. A Figura 3.2 ilustra o agrupamento de um conjunto de dados, representados no espaço bidimensional como dois parâmetros x1 e x2. O mesmo conjunto de dados pode ser agrupado de acordo com duas medidas de semelhança; deslocamento angular em coordenadas polares, e distância euclidiana em coordenadas cartesianas [50].

O agrupamento também pode ser dividido em agrupamento *duro* ou *estaladiço* e agrupamento *macio* ou *difuso*. No aglomerado nítido, cada ponto de dados pertence a apenas um aglomerado. No entanto, existem algumas situações em que um ponto de dados se encontra aproximadamente a meio caminho entre dois aglomerados. Tais dados podem pertencer ou a um dos aglomerados, ou a nenhum deles. Assumindo que os dados têm de pertencer a um aglomerado, a lógica nítida resolve geralmente este problema atribuindo os dados ao aglomerado mais próximo. A lógica difusa, por outro lado, reconhece a ambiguidade dos dados e permite que os dados pertençam parcialmente a qualquer aglomerado.

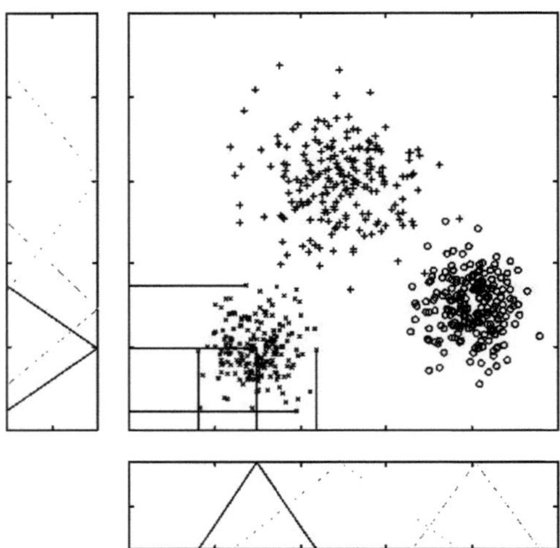

Figura 3.2. Agrupamento difuso de três classes de dados. Cada ponto de dados tem duas variáveis, que são representadas pelos eixos. A função de agregação fuzzy de cada classe de dados em cada uma das variáveis pode ser derivada da distribuição dos dados nos respectivos eixos.

A seguir resumem-se exemplos de implementação de aglomerados difusos:

- Segmentação da imagem [51]: A segmentação é o primeiro passo em muitas aplicações de análise de imagem que requerem que a imagem seja segmentada em diferentes regiões, onde cada região representa um objecto ou área única. Isto pode ser feito agrupando os pixels com base na escala de cinzentos, cor, localização, *etc*.
- Agrupando vários elementos de imagem que constituem um objecto maior [52].
- Reconhecimento de objectos [53]: Isto é realizado medindo certas dimensões do objecto em questão e comparando-as com as do modelo para encontrar uma similaridade.

3.5.1.2 Sistema baseado em regras

Os sistemas baseados em regras são a forma comum de sistema de peritos. Como explicado na Secção 3.4, um sistema difuso baseado em regras consiste num conjunto de regras *if-then* que são traduzidas a partir do conhecimento especializado. Isto é diferente do agrupamento fuzzy que não requer necessariamente um conhecimento *a priori.* No entanto, o conceito de agrupamento fuzzy pode ser incorporado na construção de um sistema baseado em regras para definir as funções dos membros.

Os sistemas baseados em regras são normalmente aplicados em sistemas de apoio à decisão. No processamento de imagens, são frequentemente utilizados para o reconhecimento de objectos. Embora também possam ser aplicados a processos de baixo nível.

3.5.2 Sistemas de Apoio à Decisão

Khamseh [54] revê alguns dos MDSS, incluindo MYCIN, Oncoin, Iliad, Meditel, DXplain, QMR; e compara-os com um sistema de diagnóstico baseado em fuzzy. O sistema baseado em fuzzy opera numa base de conhecimento que é uma colecção de regras adquiridas a partir da experiência e observações do perito. A conclusão deste estudo é que cada um dos diferentes métodos utilizados nos MDSS tem os seus próprios méritos e limitações, mas os sistemas baseados em fuzzy mostram um melhor desempenho global.

Outros sistemas de apoio à decisão são relatados em [44, 55, 46]. Um sistema chamado Sistema Z-II é relatado por Leung [46], que é um dos primeiros sistemas de peritos capazes de lidar com conceitos difusos expressos em linguagem natural de acordo com os conhecimentos dos peritos. O sistema também pode facilmente misturar termos difusos e normais.

Sidaoui [44] relata uma metodologia de diagnóstico que se baseia numa representação difusa dos sintomas, tendo em conta a sua importância relativa. Este sistema pode acomodar o conhecimento aproximado de múltiplos peritos, mesmo que ocorram conflitos de opinião.

A Zahan [55] relata uma abordagem hierárquica difusa do diagnóstico médico. A vantagem deste sistema é que o diagnóstico não diz simplesmente se uma determinada doença está presente ou não.

ausente, mas mais importante, dá o grau de possibilidade do diagnóstico. Os graus de possibilidade classificam-se de *impossíveis* a *extremamente possíveis* ou *seguros*.

3.5.3 Processamento e análise de imagens

O processamento de imagens pode ser separado em dois níveis gerais: alto e baixo. O processamento de alto nível trata de objectos e estruturas, enquanto que o processamento de baixo nível trata de pixels que compõem a imagem. Como comparação, no sistema visual humano o processamento de alto nível é o processo mais consciente, em comparação com o de baixo nível, que é menos consciente.

3.5.3.1 Reconhecimento ou Classificação de Objectos

O reconhecimento, frequentemente utilizado no contexto da "compreensão da imagem", baseia-se numa comparação de características extraídas de regiões ou segmentos de uma imagem. Assume-se que a imagem já está segmentada, onde cada segmento representa uma única entidade no mundo real. Como o reconhecimento é um processo bastante consciente, os sistemas de reconhecimento baseados em fuzzy são mais frequentemente sob a forma de sistemas baseados em regras. Exemplos de reconhecimento e classificação de objectos baseados em fuzzy são descritos em [56, 57, 41].

3.5.3.2 Operadores de Bairro Pixel

Um operador de vizinhança é aquele que determina as propriedades de um pixel com base nas propriedades de outros pixéis na área circundante. Utilizando operadores de vizinhança, podem ser conseguidos os seguintes processos de baixo nível: detecção de borda [58, 59, 60, 61]; eliminação de ruído [62, 63]; segmentação [64]. Um operador de vizinhança é basicamente um conjunto de regras que descreve os padrões ou formas que existem entre um pixel e os seus vizinhos.

3.5.4 Análise de Imagem Médica com base em Fuzzy

A lógica Fuzzy ganhou popularidade suficiente entre os investigadores de análise de imagem médica, o que é evidente pelo número de relatórios nesta área. Um grande número de trabalhos nesta área está centrado nas imagens de RM, particularmente na segmentação das imagens do cérebro [62, 65, 66, 67]. A abordagem comum à segmentação nestes relatórios baseia-se no agrupamento dos pixéis de acordo com os valores dos níveis de cinzento. Depois é aplicado um operador de vizinhança baseado em regras adicionais para classificar os pixéis ambíguos.

Outros exemplos de lógica difusa na análise de imagem médica incluem a determinação do pedigree pela extracção de arestas da imagem óssea [68], o reconhecimento cromossómico [69]; e o exame não invasivo dos fetos [70].

3.6 RESUMO

A concepção de um sistema especializado na área da análise da imagem médica deve ter em consideração a imprecisão inerente às imagens e aos processos de raciocínio. A teoria subjacente da lógica difusa enquadra-se muito bem nesta tarefa, embora ainda haja muito trabalho a ser feito para o provar. No entanto, os resultados obtidos até à data proporcionam um futuro promissor.

Capítulo 4: Concepção do Detector de Microcalcificação Fuzzy

4.1 Introdução

Neste capítulo, será explicada a concepção do sistema de detecção de microcalcificação difusa. Inicialmente será apresentada uma visão geral do sistema, incluindo os conceitos e paradigmas básicos, e um esboço do processo de detecção. Em seguida, serão explicados os pormenores dos processos de detecção.

4.2 Visão geral da Abordagem de Detecção Fuzzy

4.2.1 Abordagem Conceptual

A metodologia desenvolvida neste estudo baseia-se numa série de conceitos desenvolvidos e validados em estudos anteriores. O trabalho é particularmente inspirado por uma abordagem topográfica introduzida para a visualização da mamografia digitalizada, e por uma análise de semelhança difusa utilizada para comparar objectos de uma mamografia com um modelo de referência.

No esquema de detecção de microcalcificação proposto por Bankman [12], a mamografia digitalizada é visualizada como um mapa topográfico, onde as intensidades dos pixels são representadas pela altura da paisagem. Nesta perspectiva, as microcalcificações apareceriam como colinas ou picos projectando-se de forma proeminente contra a paisagem relativamente plana do tecido de fundo. As colinas são caracterizadas por várias propriedades: a altura, relativamente à base; a inclinação da encosta; e o diâmetro do contorno. Com base neste conceito visual, pode ser desenvolvido um modelo do objecto de interesse. A figura 4.1 mostra uma imagem típica de microcalcificação e a sua representação topográfica.

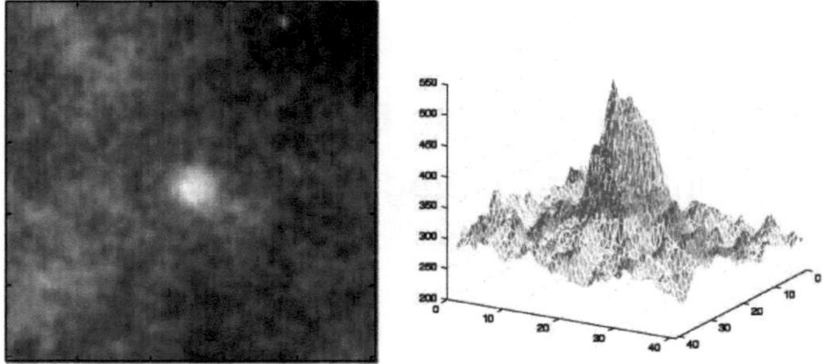

Figura 4.1. Um exemplo de uma microcalcificação típica num segmento de imagem com 100x100 pixels (3,5x3,5mm), e a sua representação topográfica. Fonte de imagem: a biblioteca de mamografias da UCSF-LLNL.

Este estudo centra-se no reconhecimento das microcalcificações ao nível dos pixels, comparando um modelo da microcalcificação com os objectos em questão. A comparação é realizada colocando uma janela de observação em torno de um objecto candidato e comparando os pixels dentro dessa janela com os pixels de um modelo de modelo. A cada pixel da janela será atribuído um grau de semelhança com o pixel correspondente no modelo. Os graus combinados de semelhança de todos os pixels determinam o grau de semelhança do objecto com o modelo; por outras palavras, a probabilidade de o objecto ser uma microcalcificação. Este conceito de "análise de semelhança" tem sido utilizado em vários esquemas de detecção de bordas difusas, em particular [61], e é ilustrado na Figura 4.2.

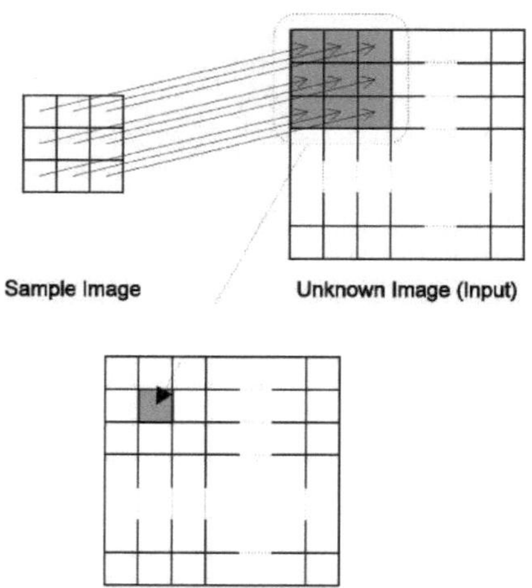

Figura 4.2. Análise de similaridade de pixels entre uma imagem e uma amostra. Um segmento da imagem é comparado pixel a pixel com um modelo da amostra, e é atribuída uma pontuação de similaridade ao pixel no centro do segmento.

O princípio fundamental do processo de comparação no reconhecimento do objecto é que a semelhança é avaliada como um conceito difuso em vez de nítido. Isto significa que o modelo também é definido em termos de conjuntos difusos.

4.2.2 Descrição do alvo

O modelo das microcalcificações será desenvolvido incorporando as características que são geralmente aceites como características definidoras das microcalcificações. Em particular, estas características são as que são utilizadas pelos radiologistas na sua descrição e podem ser percebidas visualmente. Este estudo não tenta avaliar a possibilidade de utilização de características desconhecidas. As características a utilizar são o tamanho, a forma, o brilho relativo, e a presença de borda.

4.2.2.1 Tamanho

Assume-se que o tamanho das microcalcificações variará dentro de um determinado intervalo e, portanto, a detecção será dirigida a objectos com um tamanho dentro deste intervalo. Esta suposição será realizada apenas para o desenvolvimento do protótipo. Isto terá de ser descartado na aplicação da vida real para contabilizar os objectos com um tamanho fora da gama. A limitação devida a esta suposição e o significado desta limitação serão discutidos na validação do método.

4.2.2.2 Forma

Embora algumas microcalcificações tenham uma forma linear, a maioria delas pode ser aproximada para ser redonda. O sistema de detecção, contudo, foi concebido para ser insensível a pequenos desvios na redondeza.

4.2.2.3 Luminosidade

As microcalcificações aparecem como pontos brilhantes nas mamografias, devido à sua maior opacidade em comparação com o tecido de fundo. Na mamografia digitalizada, as intensidades de brilho são representadas por valores de escala de cinzento, que têm vários níveis, dependendo da resolução do sistema.

O brilho absoluto, ou apenas o valor da escala cinzenta, não é suficiente para identificar as manchas. O valor da escala de cinzentos das manchas e dos pixels circundantes pode ser diferente de uma parte da imagem para outra, dependendo de vários factores, incluindo a densidade dos tecidos locais, a fase de desenvolvimento das microcalcificações, e os efeitos do processo de digitalização. As lesões devem ser analisadas em termos da sua luminosidade relativa em comparação com o fundo local. Isto requer a normalização dos valores da escala de cinzentos da região local, escalonando os valores dentro da região em toda a escala de cinzentos do sistema de visualização.

A maioria dos estudos relatados confirma que o brilho dentro dos limites de uma microcalcificação tem um padrão uniforme, sem textura específica.

4.2.2.4 Presença de Fronteira

Uma fronteira é uma linha que separa uma região escura de uma região brilhante (no caso de uma imagem monocromática). A linha em si não existe, no entanto, como no desenho cómico; é apenas a percepção visual da transição da escuridão para o brilho (ou *vice-versa*). É de notar que a fronteira tem uma natureza difusa; embora possa ser percebida visualmente, não pode ser definida com absoluta precisão.

A utilização da fronteira como elemento definidor é raramente mencionada explicitamente; no entanto, tem sido utilizada directamente ou não em alguns estudos. Na descoberta precoce das microcalcificações por Leborgne, são descritas como "grãos finos de sal" [18], o que implica que os grãos são separáveis do fundo. No estudo de Bankman [12], a fronteira é medida em termos da inclinação da encosta. Esquemas de detecção baseados em filtros de alta passagem em princípio procuram a componente de alta frequência dos objectos; por outras palavras, as bordas.

4.2.3 Esboço do processo de detecção

A detecção é efectuada em várias fases, cada uma utilizando um operador particular. O objectivo de cada fase é identificar quais os pixels com elevada probabilidade de serem microcalcificados e quais os pixels que não o são. Desta forma, os pixels não microcalcificados são sucessivamente eliminados da cadeia de processamento. Sendo um sistema difuso, a eliminação não é efectuada da forma de uma classificação nítida; cada fase de detecção atribui simplesmente uma pontuação baixa a um pixel que não exibe exactamente as propriedades ou características que estão a ser detectadas nessa fase. A eliminação efectiva dos pixels será efectuada no final da cadeia, de acordo com a pontuação atribuída pela última fase da cadeia.

O operador principal neste processo de detecção é o detector de picos difusos, que é um operador de vizinhança. Em operações com janelas comuns, o operador é normalmente aplicado a cada pixel da imagem, deslocando a janela do operador sobre a imagem inteira. No entanto, para esta aplicação, não é necessário fazê-lo. Uma selecção inicial de pixels é realizada para seleccionar os "picos locais" como píxeis candidatos para a detecção de picos difusos. O detector de picos difusos avalia cada pixel candidato e os seus vizinhos para determinar se o objecto representado pelo pixel se assemelha a um pico, e atribui um *pico de* função de membro ao píxel candidato. Os píxeis candidatos com altas pontuações de *pico* são avaliados por um detector de picos fuzzy, que determina se os objectos correspondentes têm uma borda observável. A força da borda em torno de um píxel candidato é representada por um *pedaço de* função de membro, que é a pontuação final para o píxel. Um píxel que tem uma pontuação alta para o *ppeak* e também tem uma pontuação alta para o *pedge* é, portanto, mais susceptível de fazer parte da micro-calcificação.

4.3 Operador de Bairro Fuzzy

Nas operações de processamento de imagem em que as formas dos objectos ou estruturas são relevantes, é frequentemente utilizada uma classe de operadores chamada *operadores de vizinhança.* Podem ser utilizados para detectar a presença de uma determinada forma, ou para alterar a forma dos objectos. Assim, é também utilizado um nome alternativo "operador morfológico".

O termo vizinhança refere-se à forma como estes operadores trabalham, examinando o padrão de distribuição das intensidades numa pequena vizinhança em torno de um pixel. Quando a imagem é binária, o operador pode ser implementado com uma máscara ou modelo que tem a semelhança da forma de interesse. O modelo também pode ser implementado como uma máscara virtual, que é uma descrição da forma, especificando que pixel deve ser preto e qual deve ser branco. Este conceito pode ser alargado com lógica fuzzy, definindo "preto" e "branco" como conjuntos fuzzy.

Como exemplo de operadores de vizinhança e base para o desenvolvimento de um detector de pico para detecção de microcalcificação, um algoritmo de detecção de bordas difusas por Li [60] é descrito aqui. O tamanho do operador de borda neste algoritmo é de 3x3 pixels e os membros são etiquetados como na Figura 4.3. O pixel a ser avaliado é rotulado *Q*.

3	4	5
2	Q	3
1	8	7

Figura 4.3. Etiquetagem de janelas no detector de arestas de Li.

Uma borda ocorre numa imagem em que a intensidade muda abruptamente. Mais especificamente, um pixel de borda está localizado entre uma região que contém pixels escuros e outra que contém pixels claros. Existem várias configurações possíveis de pixels escuros e brilhantes em torno de um pixel de borda, como ilustrado na Figura 4.4. Uma caixa preta representa um píxel escuro, uma caixa branca para um píxel brilhante, e uma caixa cinzenta para um "não importa".

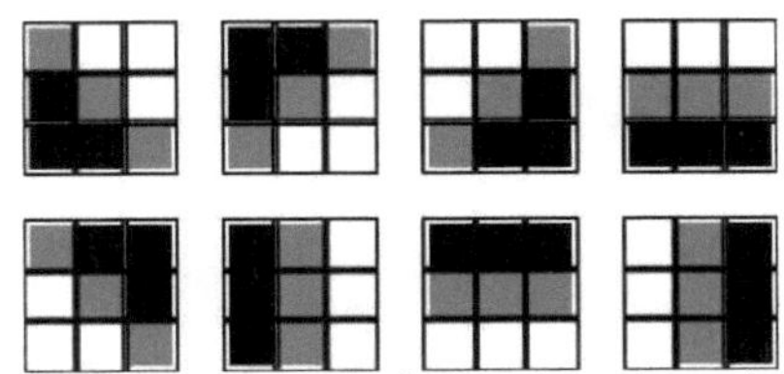

Figura 4.4. Possíveis configurações de píxeis em torno de um píxel de borda [60].

Uma vez que existem oito configurações possíveis de pixel de borda, serão necessários oito modelos diferentes ou regras de detecção. Cada regra será declarada na seguinte forma: "se uma janela tiver uma configuração semelhante ao Template *K*, então o pixel central é um pixel de borda". Para descrever o processo com mais detalhe, o modelo superior esquerdo na Figura 4.4 será utilizado como exemplo.

Para avaliar a similaridade de uma janela de imagem com o modelo, são definidas as seguintes variáveis:

- *diflum(i)*: a diferença de intensidade entre o pixel *Q* e o pixel *i*; *i* = 1...8. *diflum* é caracterizado por etiquetas difusas *Neg* e *Pos*.
- *Neg* e *Pos*: valores de membros dif_lum(i) que definem o grau de pixel *i* ser escuro ou brilhante; se *dif_lum(i)* tem um grande valor positivo, então a afirmação "*dif_lum(i) é Pos*" é verdadeira a um elevado grau. As funções de membro para *Neg* e *Pos* são mostradas na Figura 4.5.
- *lum(Q)*: a saída da regra, definindo até que ponto o pixel *Q* é um pixel de borda.
- *Preto*: um valor de membro difuso que define o quão escuro deve ser o pixel *Q* na saída;

um

O píxel de borda é representado por um píxel escuro na saída.

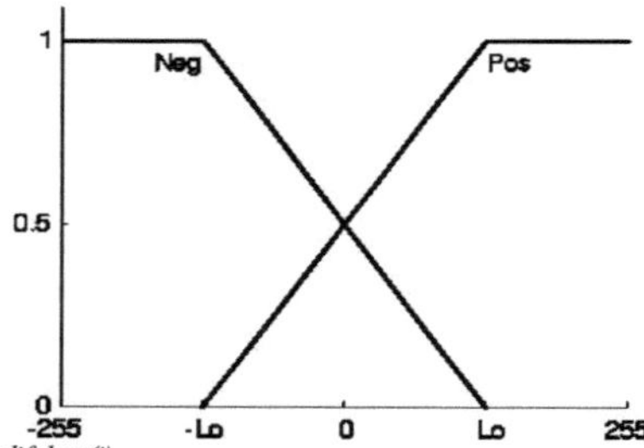

Diferença de luminância, *dif_lum(i)*

Figura 4.5. Funções de membro para *Neg* e *Pos*, como funções de diferença de luminância *dif_lum(i)*.

A regra para detectar um pixel de borda, baseada no Modelo 1 (o modelo superior esquerdo na Figura 4.4), pode então ser declarada como Regra 4.1 abaixo.

Regra 4.1:

```
Se       dif_lum(1)    éNeg
     e   dif_lum(2)    éNeg
     e   dif_lum(8)    éNeg
     e   dif_lum(4)    éPos
     e   dif_lum(5)    éPos
     e   dif_lum(6)    éPos
Depo       lum(Q) é  Preto,
Senã       lum(Q) é  Branco.
```

A regra acima pode ser ilustrada como na Figura 4.6.

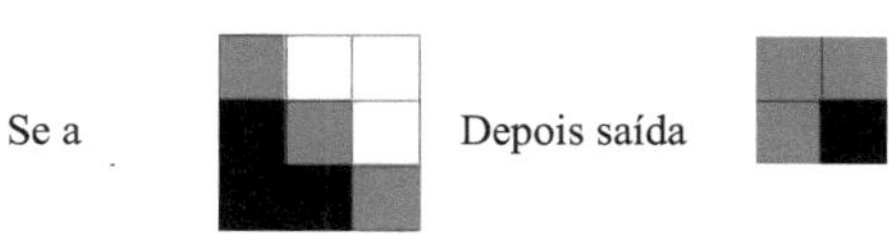

Figura 4.6. Primeira regra para a detecção de pixel de borda.

Haverá oito regras semelhantes à Regra 4.1 para descrever todos os modelos de borda. Cada regra é avaliada calculando *dif_lum(i)* para cada pixel no modelo correspondente, aplicando depois as funções de membro difuso para *Neg* e *Pos* nos pixéis apropriados, como especificado na regra. Por exemplo, ao avaliar a Regra 4.1, são dados os seguintes passos:

calcular *dif_lum(i)* para os pixels 1, 2, 4, 5, 6, e 8

- calcular Neg para dif_lum(1), dif_lum(2) e dif_lum(8)
- calcular Pos para dif_lum(4), dif_lum(5) e dif_lum(6)
- avaliar os antecedentes, depois tirar a conclusão para esta regra.

Finalmente, os resultados das oito regras serão combinados. Se a imagem contiver um pixel de borda, então uma das regras (nunca mais do que uma) produzirá uma pontuação alta. Caso contrário, se não for uma borda, todas as regras obterão pontuações baixas.

Em resumo, a fim de aplicar um operador de bairro difuso para executar uma determinada função, devem ser definidas várias regras para descrever todas as configurações possíveis de pixels, e cada regra terá vários antecedentes para descrever os pixels individuais. Os antecedentes são avaliados com as funções de membro fuzzy e o resultado é desenhado através de inferência fuzzy.

4.4 SELECÇÃO DO PICO LOCAL

O detector de microcalcificação proposto é um operador de vizinhança que foi concebido para gerar uma pontuação elevada quando a janela do operador é aplicada sobre o pixel central de uma microcalcificação. Quando aplicado a outros pixels na microcalcificação, a pontuação deve ser mais baixa, e muito baixa com pixels não de microcalcificação. Aplicando o operador em cada pixel da mamografia digitalizada, todos os pixels podem ser classificados em micro-calcificação e não micro-calcificação. Contudo, pode não ser necessário operar em todos os píxeis, se o objectivo for simplesmente determinar a localização das microcalcificações. Deve ser suficiente aplicar o operador apenas uma vez em cada microcalcificação em perspectiva, num pixel que tenha a maior probabilidade de pontuação. Tais pixels são os mais brilhantes nas microcalcificações; o pico da "colina".

O primeiro critério para os píxeis candidatos é ser um pico local que seja um pixel mais brilhante do que os vizinhos imediatos. Por exemplo, numa janela 3x3, se o píxel central for mais brilhante do que qualquer um dos píxeis periféricos, então é um pico local. O pico de uma microcalcificação é, por natureza, um pico local.

Ao escolher os picos locais como píxeis candidatos, cada microcalcificação seria representada por pelo menos um píxel. Os pixels na encosta da "colina" não são picos locais e não serão incluídos nas fases seguintes. Este critério de selecção assegura que todos os picos possíveis sejam examinados pelo detector de picos, reduzindo ao mesmo tempo grandemente o número de píxeis candidatos, e reduzindo o tempo necessário para processar a imagem.

4.5 DETECTOR DE PICO FUZZY

4.5.1 Desenho Preliminar

O detector de picos difusos que está a ser proposto evolui do detector de bordas descrito na secção 4.3. O detector de picos necessita de uma janela de operador maior para que toda uma micro-calcificação possa encaixar. Suponha-se que uma microcalcificação típica tenha cerca de 3 pixels de largura, como ilustrado na Figura 4.7. Uma janela de operador 9x9 seria suficiente para este exemplo hipotético. A Figura 4.8 ilustra um esquema provisório de rotulagem para tal janela.

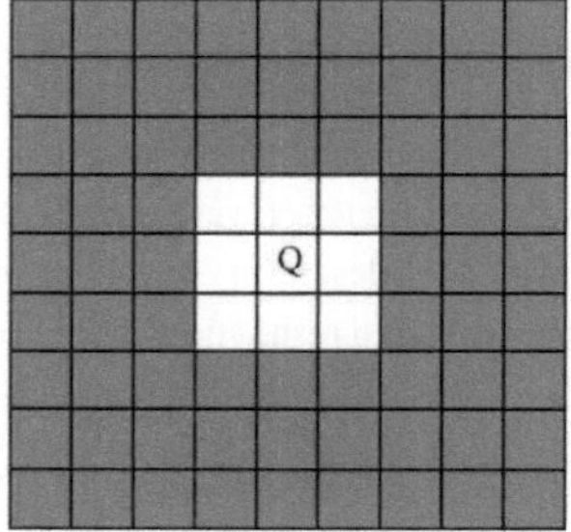

Figure 4.7. A hypothetical microcalcification image.

a_1	a_2	a_3	a_4	a_5	a_6	a_7	a_8	a_9
a_{10}	a_{11}	a_{12}	a_{13}	a_{14}	a_{15}	a_{16}	a_{17}	a_{18}
a_{19}	a_{20}	a_{21}	a_{22}	a_{23}	a_{24}	a_{25}	a_{26}	a_{27}
a_{28}	a_{29}	a_{30}	b_1	b_2	b_3	a_{31}	a_{32}	a_{33}
a_{34}	a_{35}	a_{36}	b_4	Q	b_5	a_{37}	a_{38}	a_{39}
a_{40}	a_{41}	a_{42}	b_6	b_7	b_8	a_{43}	a_{44}	a_{45}
a_{46}	a_{47}	a_{48}	a_{49}	a_{50}	a_{51}	a_{52}	a_{53}	a_{54}
a_{55}	a_{56}	a_{57}	a_{58}	a_{59}	a_{60}	a_{61}	a_{62}	a_{63}
a_{64}	a_{65}	a_{66}	a_{67}	a_{68}	a_{69}	a_{70}	a_{71}	a_{72}

Figura 4.8. Esquema indicativo de rotulagem em janela para o detector de microcalcificação.

Uma regra para detectar uma microcalcificação da forma representada na Figura 4.7 será definida como na Regra 4.2. Esta regra tem 80 antecedentes no total, de acordo com o número de pixels vizinhos na janela de observação. Oito antecedentes descrevem os pixels brilhantes (etiquetados $_{bi}$) e 72 outros descrevem os pixels escuros (etiquetados $_{ai}$).

Regra 4.2:

```
Se        píxel b1 é  Brilhante
     e    píxel b2 é  Brilhante
     e
     e    píxel b8 é  Brilhante
     e    píxel a1 é  Escuro
     e    píxel a2 é  Escuro
     e
     e    píxel a72é  Escuro,
Depois    Q é    provavelmente uma microcalcificação
```

Como foi dito anteriormente, se for possível uma configuração diferente de píxeis, outra regra tem de ser definida. Contudo, a variação na configuração de píxeis para microcalcificações é muito ampla. Microcalcificações com diferentes tamanhos, formas e orientações terão configurações de píxeis muito variáveis. Além disso, como o tamanho do operador pode ser bastante grande (já que uma microcalcificação pode ter até 25 pixéis de largura), cada regra terá um grande número de antecedentes, de acordo com o número de pixéis do operador. O grande número de regras combinado com o grande número de antecedentes em cada regra requer uma modificação neste desenho.

4.5.2 Desenho Modificado

Considerar uma janela de observação centrada em torno de uma microcalcificação. Os pixels dentro da janela exibirão as seguintes propriedades:

Definição 4.1:

```
Os pixels que estão perto do centro, são quase tão brilhantes como o centro;
e os pixels que estão longe do centro, são muito mais escuros.
```

Para simplificar, nas descrições seguintes o termo "brilhante" será usado para descrever os pixels que são *quase tão brilhantes como* o centro, e "escuros" para aqueles que são *muito mais escuros* do que o centro.

Há quatro variáveis difusas utilizadas na Definição 4.1 para descrever um pixel vizinho: *próximo*, *distante*, *brilhante* e *escuro*. Isto leva a quatro combinações possíveis de variáveis: próximo e brilhante; distante e escuro; próximo e escuro; e distante e brilhante.

A definição 4.1 afirma que qualquer pixel em torno de uma microcalcificação deve ser (perto e brilhante), ou (longe e escuro). Uma vez que um pixel não pode ser tanto (perto e brilhante) como (longe e escuro), estas duas combinações de variáveis podem ser examinadas de uma só vez com uma operação "ou". Nesta luz, a regra 4.2 pode ser redefinida como regra 4.3.

Regra 4.3:

Se	píxel	*1*	é	(perto e brilhante) ou (longe e escuro),
	e píxel	*2*	é	(perto e brilhante) ou (longe e escuro),
	e ...			
	e píxel	*N*	é	(perto e brilhante) ou (longe e escuro),
Depois		*Q*	é	provavelmente uma microcalcificação.
Observaç		N	é	o número de pixels vizinhos na janela do operador.

Ao redefinir a regra como acima, apenas uma regra é necessária para detectar microcalcificações com diferentes formas, tamanhos ou orientações (dentro de um certo limite de variação). O número de antecedentes não é reduzido, e cada antecedente é agora quatro vezes mais complexo, porque quatro variáveis difusas têm de ser examinadas. Contudo, a vantagem de ter uma regra geral para definir qualquer forma de microcalcificações compensa o custo de sobrecarregar os antecedentes.

4.5.3 Cálculo matemático

Para explicar o cálculo matemático do detector de picos felpudos, é necessário definir os seguintes símbolos:

- *P*: o pixel candidato; ou seja, o pixel que está a ser examinado;
- *P*: o conjunto de pixels vizinhos em torno de *Q*, dentro de uma janela de observação de tamanho *NxN* centrada em *Q*;
- p_i: um membro de *P*; de modo que *P* = {pi | *i* = 1, ..., *M}*; *M* = o número de pixels vizinhos dentro da janela de observação;
- *int(p)*: intensidade de *píxel p*;
- d_i: distância espacial entre pixel p_i e *Q*;
- g_i: intensidade relativa de nível de cinzento de p_i em relação a *Q*; g_i = $int(p_i),int(Q)$;
- $pNEAR(d_i)$ e $pFAR(d_i)$: funções de membro descrevendo a distância espacial de p_i (que pode estar perto ou longe); e $pDARK(g_i)$ e $pBRIGHT(g_i)$: funções de membro descrevendo a intensidade relativa de p_i (que pode ser brilhante ou escura). As formas básicas destas funções de filiação são mostradas na Figura 4.9.
- $p(p_i)$: uma função de membro denotando a semelhança de p_i com o píxel correspondente em o modelo; por outras palavras, o grau em que p_i satisfaz o antecedente da Regra 4.3.
- $p_{PEAK}(Q)$: o grau de membro do *Q* no conjunto de objectos de pico, denotando quão semelhante o objecto representado por *Q* é a uma microcalcificação.

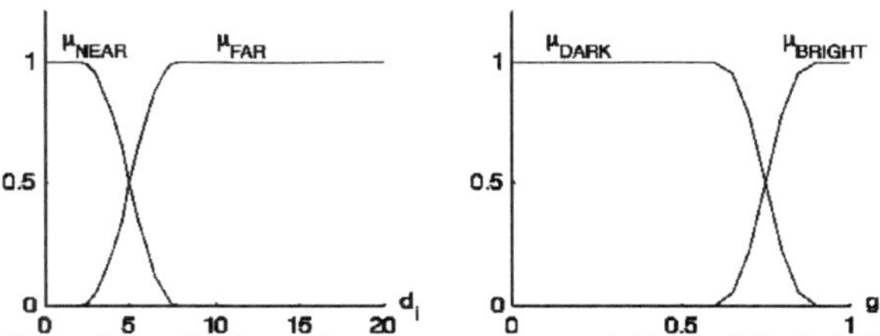

Figura 4.9. Formas básicas de funções de membro descrevendo a *proximidade*, *distância*, *brilho* e *escuridão* para a distância espacial e intensidade relativa dos pixels vizinhos.

O detector de picos difusos funciona em sucessão em cada um dos pixels candidatos determinados na etapa anterior. Ao avaliar um candidato pixel *Q*, o operador tem em conta um segmento da mamografia centrado em torno deste candidato pixel. Os píxeis vizinhos p_i em torno de *Q* são então comparados com o modelo de microcalcificação, tal como descrito na Regra 4.3. A semelhança $p(p_i)$ de um pixel vizinho com o pixel correspondente no modelo é determinada pela declaração prévia da regra: "o pixel p_i é (perto e brilhante) ou (longe e escuro)", que pode ser formulada como na equação seguinte:

$$\mu(p_i) = [\mu BRIGHT(g_i) \wedge \mu NAR(d_i)] \vee [\mu DARK(g_i) \wedge \mu FA.R(d_i)] \quad [4.1]$$

onde os símbolos ' ∨' e '∧' denotam os operadores difusos 'ou' e 'e', respectivamente.

Uma vez que cada antecedente da Regra 4.3 pode ser expresso como na Equação 4.1, toda a regra pode ser expressa como se segue:

$$\mu PEAK(Q) = \mu(p_i) \wedge p(p2) \wedge \ldots \wedge \mu(PM) \quad [4.2]$$

que pode ser resolvido calculando o valor médio de $\mu(p_i)$, para todos *i*. O valor de $\mu PEAK(Q)$, portanto, denota o grau de possibilidade de o píxel candidato *Q* fazer parte de uma micro-calcificação.

4.6 DETECÇÃO DE BORDA FELPUDA

Uma abordagem comum à detecção de bordas é considerando o gradiente ou a diferença de intensidade entre os pixels adjacentes. Uma borda ocorre onde o gradiente é relativamente alto. Em muitos métodos de detecção de bordas, tais como o operador Sobel, o gradiente é extraído por meio de convolução utilizando máscaras particulares, seguido de um limiar binário. Neste trabalho, o método convencional de detecção de arestas será utilizado com uma modificação para implementar o princípio fuzzy. A detecção de arestas é realizada através de três etapas: extracção de gradiente, desbaste de cristas e limiar fuzzy. Finalmente, a força da borda é medida a partir dos pixels da borda extraída. Os resultados intermédios da extracção da borda são mostrados na Figura 4.10.

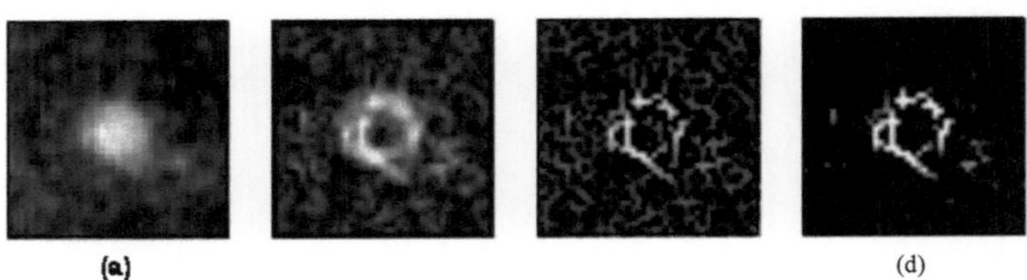

Figura 4.10. Processo de detecção de bordas: (a) Imagem original; (b) Gradiente de imagem (a); (c) Gradiente fino ; (d) Gradiente de limiar, revelando as arestas. Fonte da imagem: a biblioteca de mamogramas UCSF-LLNLmammogram.

4.6.1 Extracção de gradiente

O método de extracção de gradiente mais comum é o método Sobel, que envolve a convolução da imagem utilizando as máscaras de convolução ilustradas na Figura 4.11, conhecidas como os operadores Sobel. Cada uma destas máscaras calcula, em princípio, a intensidade do gradiente numa

gradients. However, in many practical applications the largest directional gradient is considered as the overall gradient [25].

1	2	1
0	0	0
-1	-2	-1

-1	0	1
-2	0	2
-1	0	1

Figure 4.11. Sobel convolution masks.

direcção. O gradiente global é a raiz quadrada da soma dos quadrados das duas direcções

Neste trabalho, são utilizadas quatro máscaras de convolução. Para além das máscaras ortogonais, são utilizadas duas máscaras diagonais para calcular as inclinações nas direcções diagonais. As máscaras diagonais têm um factor de A/2 para compensar a distância espacial entre os pixels diagonalmente adjacentes. A utilização de máscaras diagonais dá uma representação de gradiente mais precisa, em comparação com apenas duas.

O resultado da convolução é mostrado na Figura 4.10 (b).

0	0	0
1	0	-1
0	0	0

$\frac{1}{\sqrt{2}}$	0	0
0	0	0
0	0	$-\frac{1}{\sqrt{2}}$

0	1	0
0	0	0
0	-1	0

0	0	$\frac{1}{\sqrt{2}}$
0	0	0
$-\frac{1}{\sqrt{2}}$	0	0

Figura 4.12. Máscaras de convolução utilizadas neste trabalho.

4.6.2 Desbaste de cumeeira

O resultado da extracção do gradiente é uma imagem com algumas estruturas que se assemelham a cristas. Pode-se ver que as arestas na imagem original coincidem com as cristas; e as arestas mais nítidas correspondem a cristas mais proeminentes.

Para obter uma representação mais precisa das arestas, as cristas são desbastadas utilizando um operador morfológico. O operador de desbaste das cristas tem uma janela 2x2 que é digitalizada através da imagem do gradiente. O pixel com o menor valor entre os quatro pixéis da janela é zerado. Isto deixa os vértices ou os esqueletos das cristas, que contornam as arestas na imagem original. Isto é mostrado na Figura 4.10 (c).

4.6.3 Limiar Fuzzy

As cristas na imagem de gradiente não são produzidas apenas a partir das margens da microcalcificação, mas também a partir da variação de fundo. Pode-se ver que as cristas residuais do fundo não são tão brilhantes como as da borda real, e podem ser removidas através de um limiar difuso.

O "fuzzy thresholding" é um caso especial de "fuzzy clustering" e significa simplesmente que existem apenas dois "clusters". O nível de limiar neste caso não se refere a um único ponto de corte, como no caso do limiar binário nítido. Pelo contrário, o nível de limiar é definido como um intervalo de valores em que a função de adesão fuzzy muda de zero para unidade. Neste caso, os dois grupos representam o conjunto de pixels de borda e o conjunto de bordas não-pixel, respectivamente. Os pixéis de borda são aqueles com *intensidade de* gradiente *elevado*. No entanto, o nível de limiar difuso para *elevado* não pode ser definido uniformemente para todos os casos porque a intensidade de gradiente varia de caso para caso. O nível de limiar (por outras palavras, a função de membro) deve ser definido de forma adaptativa.

É utilizado um método *ad hoc* para definir o nível de limiar difuso, com base na informação estatística das intensidades das cristas. A observação visual sugere que a intensidade da crista da aresta é significativamente mais elevada do que as restantes.

A Figura 4.13 mostra um histograma de intensidade das cristas na Figura 4.10 (c). Os pixels com os valores mais baixos da imagem da crista são removidos iterativamente, até que a maioria das cristas residuais seja removida sem degradar significativamente as cristas das margens. Isto dá o nível de limiar nítido, que é marcado com h no histograma. As intensidades da crista da aresta são, portanto, superiores a h. No histograma, as intensidades da aresta formam a cauda direita, que está quase separada da maior parte da distribuição.

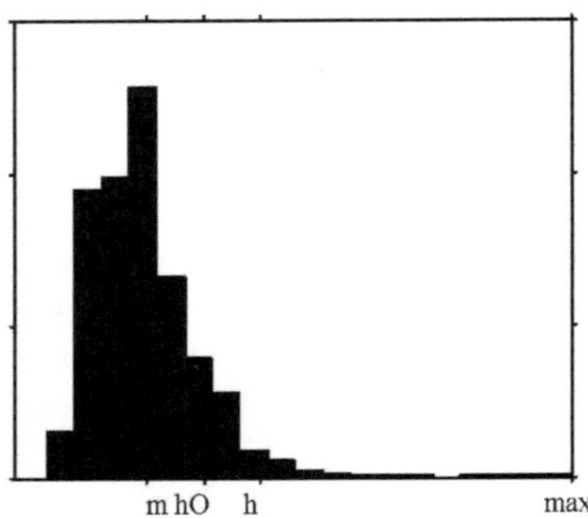

Figura 4.13. Histograma das intensidades da crista a partir da imagem da crista na Figura 4.10 (c).

O histograma pode ser aproximado por distribuição normal, cuja largura característica é medida pelo desvio padrão. Por conseguinte, os níveis óptimos de limiar difuso serão definidos em termos da média m e do desvio padrão σ na forma:

$$h = m + k\,\sigma \quad [4.3]$$

O factor coeficiente k é determinado a partir de um número de amostras de microcalcificação que se tornam o conjunto de treino. O valor de h é determinado manualmente enquanto os valores de m e σ são calculados automaticamente. Isto dá uma gama de valores para k. Depois, utilizando o método de agrupamento fuzzy, são determinados os níveis limiares para k e, subsequentemente, é obtido o nível limiar em termos de h.

4.6.4 Cálculo da resistência do bordo

O último passo para determinar se um objecto tem uma aresta é a medição da resistência da aresta. A resistência da aresta extraída pode ser medida a partir da completude da aresta em redor do objecto. Se a aresta for quebrada em vários pontos, a força será menor. A medição da completitude da borda pode ser feita simplesmente através da contagem dos pixels da borda, após estabelecer a contagem normal de pixels para a borda. A contagem de pixels, no entanto, é afectada pelo tamanho do objecto. Um objecto grande com borda semi-completa pode ter uma contagem de pixels de borda mais alta do que um objecto mais pequeno com borda completa. Para ultrapassar a questão do tamanho do objecto, são dados factores de ponderação aos pixels para normalizar a força de cada pixel.

A contagem de píxeis de um objecto é aproximadamente proporcional ao perímetro (a aproximação devido ao efeito de pixelação), que por sua vez é proporcional ao raio. Portanto, para normalizar a força da borda, os pixéis da borda são ponderados com o inverso da distância espacial entre esse pixel e o pixel central.

4.7 DESFUZZIFICAÇÃO

Normalmente, um sistema de lógica difusa teria fases complementares de fuzzificação-defuzzificação, em que a informação ou dados do mundo real são transformados em termos difusos como entrada para processamento e inferência, e depois a saída é transformada de volta em dados numéricos que podem ser directamente aplicados às definições do motor, traduzidos em valores de nível cinzento de imagens processadas, ou como outros tipos de entrada numérica. Os dois detectores fuzzy nesta aplicação desempenham basicamente a função de fuzzificação. No entanto, para esta aplicação não é necessário defuzzificar a saída. A razão é que o output já está sob a forma de valor escalar, que pode ser utilizado directamente com o método da curva ROC para determinar a eficácia do sistema na distinção de microcalcificações de outros objectos. Embora os dados originais estejam na forma de valores de nível cinzento, não é necessário traduzir os valores difusos dos pixels de volta para valores de nível cinzento, porque o julgamento final é feito em pixels individuais, e não com base na imagem como um todo. Por conseguinte, neste trabalho não é realizada uma defuzzificação específica.

4.8 RESUMO

A concepção do sistema de detecção de microcalcificação difusa foi explicada neste capítulo. Consiste em vários processos que realizam uma selecção sucessiva dos possíveis objectos de micro-calcificação. Os processos de selecção são realizados de modo a que as incertezas dos objectos sejam tidas em conta ao longo de toda a cadeia de processamento. Os resultados numéricos e o desempenho global do método serão apresentados no próximo capítulo.

Capítulo 5: Validação

5.1 Introdução

Para validar o sistema de detecção de microcalcificação difusa, o sistema é testado num certo número de mamografias digitalizadas. Este capítulo irá descrever os critérios e métodos utilizados para testar o algoritmo. Um método chamado análise da curva ROC é utilizado para avaliar a qualidade do sistema de detecção. O desempenho do sistema de detecção fuzzy será comparado com um sistema de detecção de microcalcificação não fuzzy que é discutido no Capítulo 2. Os resultados dos testes serão apresentados e discutidos.

5.2 Medidas de desempenho

Uma medida simples de detecção de qualidade é a 'exactidão', que é a relação entre o número de objectos correctamente detectados e o número total de objectos a serem examinados. No entanto, este não é um indicador adequado porque é afectado pela prevalência dos alvos na população da amostra [71]. Uma forma mais significativa de medir a qualidade da detecção é medir separadamente duas propriedades de *sensibilidade* e *selectividade.*

A sensibilidade refere-se à capacidade do sistema de detectar as lesões realmente positivas e é medida em termos de taxas de verdadeiros positivos (TP) e falsos negativos (FN). Uma "detecção verdadeiramente positiva" é quando um objecto real é correctamente identificado. Uma "detecção de falso negativo" é quando um objecto real não é detectado pelo sistema de detecção. Isto pode levar ao aumento do risco de fatalidade do paciente. *A selectividade, por* outro lado, refere-se à capacidade de rejeitar artefactos (estruturas que têm alguma semelhança com o objecto de interesse) e caracteriza-se por uma taxa de falsos positivos (FP). A detecção de falsos positivos é indesejável porque conduz a procedimentos de seguimento desnecessários que podem ser dispendiosos.

Um sistema de detecção desejável, portanto, é aquele com alta taxa de TP e baixa taxa de FP; por outras palavras, boa sensibilidade e selectividade. Na realidade, os sistemas de detecção têm capacidades discriminatórias limitadas e, portanto, deve haver um compromisso entre sensibilidade e selectividade. A escolha entre uma taxa de TP elevada e uma taxa de FP baixa depende da prevalência da doença e do custo dos procedimentos de seguimento. Se a prevalência da doença for bastante baixa, como é o caso nas microcalcificações, o viés deve ser no sentido de uma maior selectividade.

5.3 Análise ROC

Para validar o algoritmo de detecção desenvolvido neste estudo é utilizado um método chamado análise da curva da característica de funcionamento do receptor (ROC). A análise ROC foi concebida para avaliar o resultado de operações de detecção de sinal e é utilizada frequentemente por radiologistas [72]. É uma ferramenta bem conhecida utilizada em vários estudos de detecção de microcalcificação [37, 19, 36, 73, 74, 74, 24, 75]. Assim, pode ser utilizada para fazer uma comparação aproximada com outras técnicas de detecção de micro-calcificação.

Uma explicação dos princípios básicos da análise ROC é dada por Metz [71] e será aqui resumida. Os processos de detecção de sinais envolvem frequentemente a análise subjectiva pelo operador (a pessoa que executa o processo de detecção) para determinar se as características discriminatórias do objecto de interesse estão presentes nos objectos que estão a ser avaliados. Devido à subjectividade envolvida, o resultado de um processo de detecção tem vários graus de "níveis de confiança" ou classificações. Por exemplo, os níveis de confiança podem ser expressos em cinco graus: (1) definitivamente ou quase definitivamente negativo, (2) provavelmente negativo, (3) possivelmente positivo, (4) provavelmente positivo, e (5) definitivamente ou quase definitivamente positivo.

O operador deve então estabelecer um "limiar de decisão" para separar os sinais verdadeiros dos sinais falsos. No exemplo do nível de confiança de cinco graus, se o limiar for fixado em 4,5, então apenas os sinais com nível de confiança de 5 (definitivamente ou quase definitivamente positivos) serão considerados como detecção positiva, e os restantes serão considerados como detecção negativa. Em alternativa, se o limiar for fixado em 1,5, então apenas os sinais com o nível de confiança mais baixo (1) serão considerados como detecção negativa, enquanto que os restantes se tornarão detecção positiva. Qualquer nível intermédio pode ser escolhido como o nível limiar, dependendo de vários factores, tais como o "estilo" do operador, estimativa das probabilidades anteriores, e assim por diante. O conceito de classificações de confiança e limiar de decisão é ilustrado na Figura 5.1.

Assumir que, num processo hipotético de detecção de sinal, um operador tenta classificar um número de objectos de teste dando-lhes classificações de confiança contínuas, com base no método de classificação escolhido pelo operador, mas sem conhecer o estado real dos objectos. Se as frequências de ocorrência dos sinais forem traçadas em relação às suas classificações de confiança (*ou seja,* um gráfico histograma), separando os objectos realmente positivos dos realmente negativos, o resultado poderá parecer-se com as duas curvas da Figura 5.1. Se um limiar de decisão for definido como na figura, então todos os sinais com classificações superiores ao limiar seriam considerados como verdadeiros (detecção positiva), enquanto que os sinais com classificações inferiores se tornariam negativos.

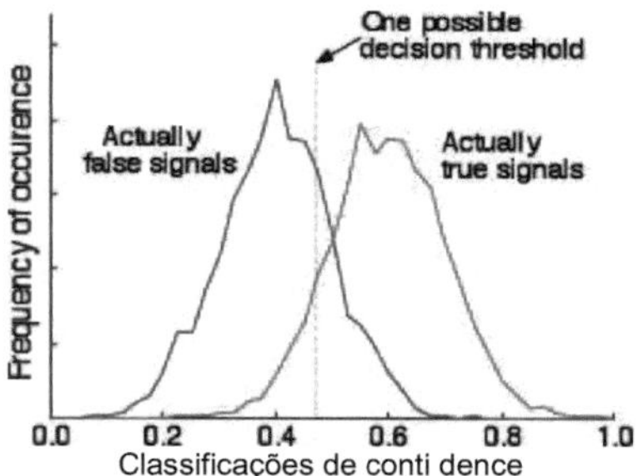

Figura 5.1. Distribuições hipotéticas de frequências de sinais verdadeiros e falsos no que diz respeito aos seus índices de confiança de zero (definitivamente falsos) para um (definitivamente verdadeiro), com um possível limiar de decisão definido. Nesta situação, todos os sinais à direita do limiar são detectados como positivos, enquanto que os da esquerda são considerados negativos.

Se o limiar de decisão for estabelecido muito baixo, todos os sinais verdadeiros serão detectados (isto *é,* taxa de TP elevada), mas a selectividade será baixa uma vez que muitos sinais falsos serão também detectados (*isto é,* taxa de FP elevada). Por outro lado, se o limiar for fixado muito alto, tanto a taxa de TP como a taxa de FP serão muito baixas. À medida que o limiar é aumentado, tanto a taxa de TP como a de FP diminuirão, diminuindo assim a sensibilidade enquanto a selectividade aumenta. Se a classificação de confiança for baseada numa característica discriminatória devidamente seleccionada, a taxa de PF deverá diminuir mais rapidamente do que a taxa de TP. O traçado do par FP-TP para cada nível de limiar (ou 'ponto de operação') resulta na curva ROC. A Figura 5.2 mostra alguns exemplos de curvas ROC.

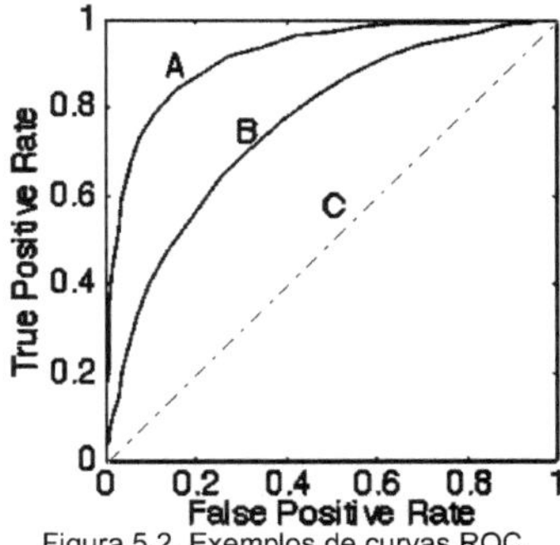

Figura 5.2. Exemplos de curvas ROC.

A análise ROC pode ser utilizada para dois fins:

a) Determinação do melhor nível limite para alcançar o equilíbrio óptimo entre sensibilidade e selectividade;

b) Avaliar a eficácia da característica discriminatória como critério de detecção.

Uma curva ROC que corre para a direita ao longo de uma linha recta indica que a detecção se baseia numa probabilidade 50-50 (Curva C na Figura 5.2). Uma boa curva ROC deve ter uma forma convexa para o canto superior esquerdo, o que indica que a detecção se baseia num bom critério de selecção, uma vez que a taxa TP aumenta mais rapidamente do que a taxa FP (Curvas A e B na Figura 5.2). A eficácia dos critérios de selecção pode ser medida a partir da área sob a curva ROC, frequentemente denotada por A_z, onde um valor maior indica geralmente um melhor desempenho. No exemplo acima, a curva A é melhor do que a curva B.

Os sistemas de detecção automatizados, tais como os baseados na rede neural ou lógica difusa, podem utilizar facilmente a curva ROC, uma vez que as suas saídas são expressas como probabilidades multi-escala de o processo de detecção ser positivo ou negativo.

A análise ROC é utilizada neste estudo porque o 'padrão de ouro' utilizado na validação fornece apenas informação binária sobre o estado das lesões de uma imagem. Uma descrição sobre os ficheiros da verdade utilizados como padrão de ouro é apresentada na secção seguinte.

5.4 ANÁLISE COMPARATIVA

5.4.1 Método da diferença-imagem

Como exemplo de um sistema de detecção de micro-calcificação não combustível, o método da diferença de imagem relatado por Nishikawa [10] será utilizado para comparação com o sistema de detecção difusa. O método da diferença-imagem funciona da seguinte forma. Em primeiro lugar, são realizadas a melhoria de pequenas estruturas e a supressão da textura de fundo. Segue-se um limiar global para remover a textura de fundo restante. O nível limiar global é baseado no histograma de nível cinzento de toda a imagem e é escolhido de modo a que 98% de todos os pixels da imagem de diferença sejam considerados como fundo. Após um processo de eliminação de ruído, realiza-se um limiar local. O nível limite local é determinado a partir da média e do desvio padrão dos valores do nível de cinzento dos pixels dentro de uma área de 51x51 pixéis da imagem processada. O limiar local é definido como um múltiplo do desvio padrão local acima da média local e pode ser variado através da alteração do número de múltiplos.

O tamanho dos filtros de convolução para o método da diferença de imagem foi modificado para ajustar com a resolução de pixel das imagens utilizadas para validação. No teste de Nishikawa, o tamanho de pixel das imagens utilizadas foi de 100^m, enquanto que as imagens utilizadas neste estudo têm um tamanho de pixel de 35^m.

5.4.2 Teste Binomial de Duas Amostra

O método de teste binomial de duas amostras é utilizado para fornecer uma comparação estatística do desempenho do sistema de detecção difusa e do método de diferença de imagem. O teste de duas amostras é apropriado quando dois métodos diferentes são aplicados a sujeitos semelhantes [76] e o resultado de cada tratamento é binomial. Em princípio, o teste de duas amostras compara px e py, as verdadeiras probabilidades de sucesso dos métodos *X* e *Y*, respectivamente, quando o método *X* é aplicado *n* vezes com uma taxa de sucesso de *x*, e o método *Y* aplicado *m* vezes com uma taxa de sucesso de *y*. Para determinar se um método tem uma taxa de sucesso significativamente maior do que o outro, calcula-se a seguinte expressão [76]:

$$\frac{\frac{x}{n}-\frac{y}{m}}{\sqrt{\frac{\left(\frac{x+y}{n+m}\right)\left(1-\frac{x+y}{n+m}\right)(n+m)}{nm}}} \qquad [5.1]$$

Se o resultado da expressão acima for < $-z\alpha/2$ ou > $z\alpha/2$, pode concluir-se que um tratamento tem uma taxa de sucesso significativamente mais elevada. Caso contrário, não há provas suficientes para considerar que um tratamento tem uma taxa de sucesso mais elevada do que o outro. O valor de $z\alpha/2$ é dado pela distribuição do Estudante. Em $\alpha = 0{,}01$, o valor de $\pm z\alpha/2$ é de $\pm 2{,}58$.

5.5 Dados de teste

5.5.1 Base de dados de Mammogram

Um conjunto de mamografias digitalizadas de uma base de dados publicada pela Biblioteca Nacional Lawrence Livermore e pela Universidade da Califórnia, São Francisco, EUA [77] é utilizado para validar o sistema de detecção. Esta base de dados contém 50 conjuntos de imagens de mamografias. Cada conjunto representa um paciente e contém quatro imagens; as imagens dos seios direito e esquerdo, cada uma vista em duas direcções (medio-lateral e cranio-caudal). As imagens são digitalizadas a partir de filmes de raios X com 35 |im tamanho de pixel com 4096 níveis de cinzento (12 bits).

A utilização desta biblioteca de mamografias tem várias vantagens potenciais. Uma vez que a biblioteca está disponível em CD-ROM e pode ser adquirida publicamente, pode ser utilizada por investigadores de diferentes instituições que estudam a análise de mamografias para comparar os seus métodos. Infelizmente, na altura da redacção desta tese, não existem muitas publicações que noticiem a utilização desta biblioteca nos seus estudos.

A biblioteca de mamografias da UCSF-LLNL tem outra vantagem em comparação com outras bibliotecas disponíveis ao público. Tem uma resolução relativamente alta, tanto em termos de resolução espacial (*ou seja,* tem um tamanho de pixel fino) como de luminosidade (o número de níveis de escala de cinzento). A maior resolução significa que os detalhes subtis das mamografias são melhor preservados. Por outro lado, requer uma maior quantidade de memória para processamento e armazenamento.

As imagens contêm diferentes graus de lesões. Algumas imagens são normais sem quaisquer calcificações; enquanto outras têm algumas calcificações, quer singulares quer agrupadas. Uma proporção de imagens com microcalcificações agrupadas representa casos malignos, e as restantes são benignas.

A malignidade das microcalcificações identificadas é confirmada ou por biopsia ou por uma série de rastreios de seguimento.

As imagens contendo lesões são acompanhadas de *ficheiros de verdade* que marcam as lesões. Existem dois tipos de ficheiros de verdade; um que marca as calcificações individuais, e o outro que marca a extensão da área de aglomerado. O ficheiro de verdade que marca as lesões singulares, no entanto, marca apenas algumas microcalcificações exemplares e, portanto, não pode ser utilizado como referência absoluta.

5.5.2 Processo de validação

A fim de avaliar o desempenho do sistema de detecção, o estado real dos objectos nas imagens de amostra deve ser primeiro estabelecido como referência. Idealmente, todas as lesões positivas reais devem ser previamente identificadas para evitar um "falso-falso-positivo" (um resultado de detecção que é considerado como falso-positivo, mas que é de facto um verdadeiro positivo porque o objecto em questão é de facto positivo em primeiro lugar). Infelizmente, os ficheiros de verdade da biblioteca apenas marcam uma proporção das lesões singulares. Para objectos não assinalados que podem ser detectados, o estado real é determinado utilizando o seguinte procedimento:

c) Objectos que se assemelham a uma microcalcificação e localizados dentro ou perto de uma área de agrupamento, são contabilizados como microcalcificações;

d) Objectos isolados não se assemelham a uma microcalcificação e localizados longe de uma área de agrupamento, não são considerados como microcalcificações;

e) Os objectos individuais que se assemelham a uma microcalcificação mas longe de qualquer aglomerado são considerados objectos ambíguos. Podem ser microcalcificações reais. Mas mesmo que o sejam, podem não ser significativos, uma vez que não fazem parte de um aglomerado. Portanto, na análise de calcificações singulares, são considerados como verdadeiros positivos, enquanto que na análise de aglomerados, não são considerados como verdadeiros positivos.

Os objectos de amostra são então classificados nas quatro classes seguintes:

1: Não-microcalcificações

2: Objectos ambíguos

3: Microcalcificações não marcadas nos ficheiros da verdade

4: Microcalcificações marcadas nos ficheiros da verdade

5.5.3 Alvos de Detecção

O alvo para a detecção e a determinação das taxas de verdadeiro positivo/falso positivo será definido a três níveis:

- Nível de calcificação singular em que os objectos são avaliados individualmente.
- Nível de agrupamento onde um agrupamento é considerado positivo se pelo menos dois objectos forem detectados dentro de uma distância de 100 pixels, o que equivale a 3,5mm.
- Nível de imagem em que uma imagem é considerada normal ou negativa se não for detectado nenhum aglomerado anormal.

A avaliação a nível de calcificação singular destina-se a medir o verdadeiro desempenho do operador felpudo como sistema de detecção de microcalcificação, uma vez que trabalham em objectos individuais sem considerar as características interobjectivos. Entretanto, os níveis mais elevados de avaliação medem o desempenho do sistema de detecção no contexto prático. É possível que alguns objectos falsos positivos detectados a nível singular não apareçam como aglomerados. Isto leva a um melhor desempenho ao nível dos agrupamentos do que ao nível do singular. Por outro lado, é também possível que o sistema tenha uma sensibilidade elevada a nível individual, mas não detecte alguns clusters porque apenas é detectada uma microcalcificação de cada um destes clusters.

Para o teste singular, foi testado um total de 818 amostras de objectos. Estas amostras foram extraídas de 41 imagens e compreendem microcalcificações verdadeiras (conforme determinado pelos ficheiros de verdade e pela avaliação pessoal), objectos ambíguos, e objectos falsos que têm uma pontuação elevada com o detector de picos. As taxas TP e FP são medidas em relação ao número de microcalcificações verdadeiras e não microcalcificações, respectivamente, no conjunto dos objectos de teste.

Para o teste de agrupamento, foram utilizadas 30 imagens, das quais apenas 12 contêm efectivamente agrupamentos de microcalcificações. A taxa de TP para o teste de cluster é expressa como a percentagem dos clusters conhecidos que são correctamente identificados, enquanto a taxa de FP é expressa como o número de clusters de FP em cada imagem. A diferença deve-se ao facto de que o número de clusters realmente falsos não pode ser determinado.

5.6 Resultados e Comparação

5.6.1 Validação dos Operadores Fuzzy

Foi realizada uma série de experiências num segmento de 500x500 pixels para avaliar o desempenho do detector de picos felpudos e do detector de pontas felpudas separadamente, e também para investigar os factores que influenciam o desempenho do detector de picos felpudos.

O segmento foi retirado de uma imagem com o nome de código AKRCC e contém um aglomerado de microcalcificações claramente visíveis. Os pixels candidatos neste segmento são determinados a partir dos picos locais. Existem 491 pixéis deste tipo, todos eles avaliados pelo detector de picos difusos.

5.6.1.1 Detector de Pico Fuzzy

A saída do detector de picos difusos é mostrada na Figura 5.3 como histogramas dos objectos verdadeiros e falsos no que diz respeito aos valores de adesão atribuídos pelo detector de picos.

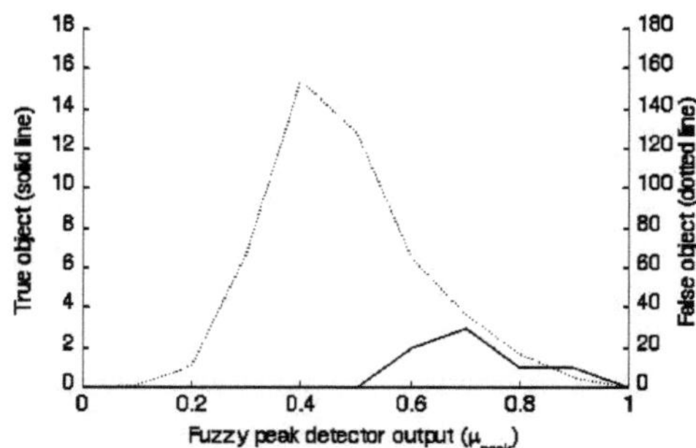

Figura 5.3. Distribuição da frequência dos pontos candidatos em relação à saída do detector de pico difuso (iipeak) para objectos verdadeiros (eixo y esquerdo) e objectos falsos (eixo y direito).

Pode-se ver que os verdadeiros objectos têm valores de adesão mais elevados do que a maioria dos objectos falsos. Contudo, as distribuições dos objectos verdadeiros e falsos não estão suficientemente separadas; de facto, a distribuição da distribuição dos objectos verdadeiros é quase inteiramente sobreposta pela dos objectos falsos. Portanto, a saída do detector de picos não é, por si só, suficiente como característica discriminatória.

Para investigar a influência das funções de membro difuso no desempenho do algoritmo do detector de picos, são testadas diferentes combinações de funções de membro para *brilhante, escuro* e *próximo* e os resultados são mostrados no Apêndice A. Estes resultados mostram que, em geral, as pontuações do detector de picos para objectos verdadeiros são superiores às da maioria dos objectos falsos, com diferentes graus de separações entre as duas classes de objectos. Diferentes funções de membros produzem diferenças nos valores absolutos da produção do detector de picos. No entanto, em termos relativos, os padrões de distribuição para ambas as classes de objectos são os mesmos.

A partir deste teste, pode concluir-se que a alteração das funções de membro para as variáveis difusas associadas ao detector de picos tem apenas uma influência menor no desempenho do detector de picos, devido a duas razões:

- Pequenas diferenças nas funções de membro não afectam o resultado da detecção, no que diz respeito à separação entre as duas classes de objectos;
- Com as funções de membro a dar a melhor separação entre os objectos verdadeiros e falsos, as duas classes ainda não estão claramente separadas uma da outra.

5.6.1.2 Detector de Borda Fuzzy

Do histograma de *ypeak* mostrado na Figura 5.3, pode-se ver que os verdadeiros objectos estão distribuídos entre 0,5 e 1, no que diz respeito aos valores de adesão atribuídos pelo detector de picos difusos. Como a distribuição dos objectos falsos se sobrepõe à dos objectos verdadeiros, todos os pixels dentro desta gama de valores de adesão atribuídos pelo detector de picos difusos (*ou seja,* superiores a 0,5) são processados com o detector de pontas difusas e o resultado é mostrado na Figura 5.4.

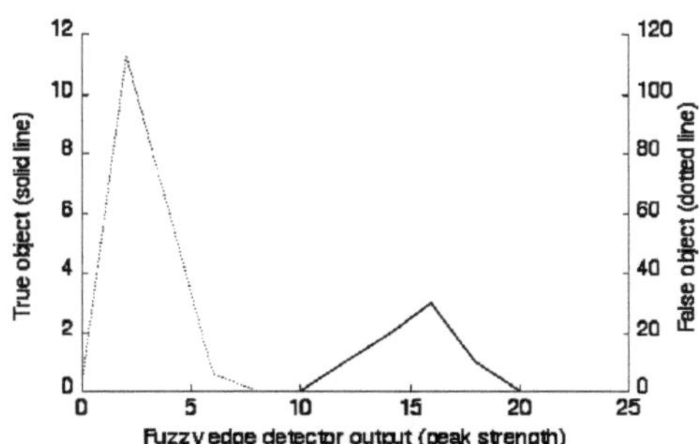

Figura 5.4. Distribuição da produção da análise de borda felpuda (resistência da borda).

O resultado do detector de borda felpuda mostra que melhora o resultado do detector de pico felpudo. Os objectos falsos que não estavam bem separados dos verdadeiros objectos pelo detector de picos, estão agora bem separados. Considerando este resultado, a saída do detector de borda difusa (*ou seja,* a força da borda) será utilizada como a característica discriminante na análise ROC do sistema de detecção de borda difusa.

5.6.2 Análise ROC dos dados do teste

Os resultados globais dos testes com o conjunto de dados descritos na Secção 5.5.3 são resumidos como se segue.

5.6.2.1 Microcalcificações Singulares

A curva ROC para as microcalcificações singulares é mostrada na Figura 5.5. A área sob a curva, A_z, para esta curva é de 90,65%. No ponto de operação com a maior variação de gradiente, a taxa TP é de 77% e a taxa FP é de 6,6%.

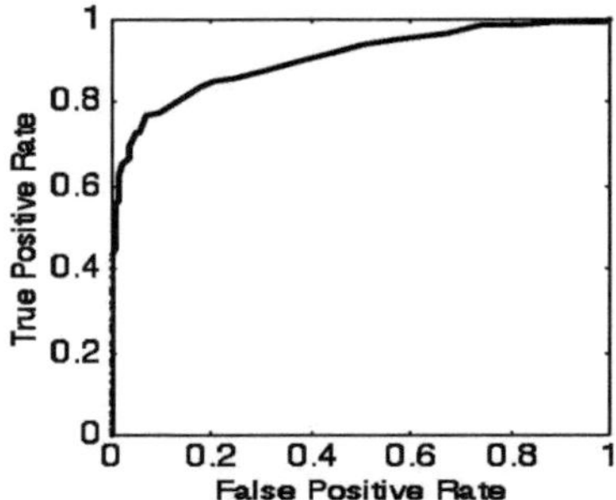

Figura 5.5. Curva ROC para detecção de microcalcificações singulares. Ambas as taxas são mostradas asfracções no
que diz respeito ao número de casos verdadeiros ou falsos.

5.6.2.2 Microcalcificações aglomeradas

A curva ROC para a análise de agrupamento é mostrada na Figura 5.6. Quando a taxa de PF é normalizada ao valor máximo, o valor de A_z para esta curva é de 90,2%. No ponto de operação com a maior variação de gradiente, a taxa de TP é de 87,5% e a taxa de FP é de 0,3 clusters por imagem.

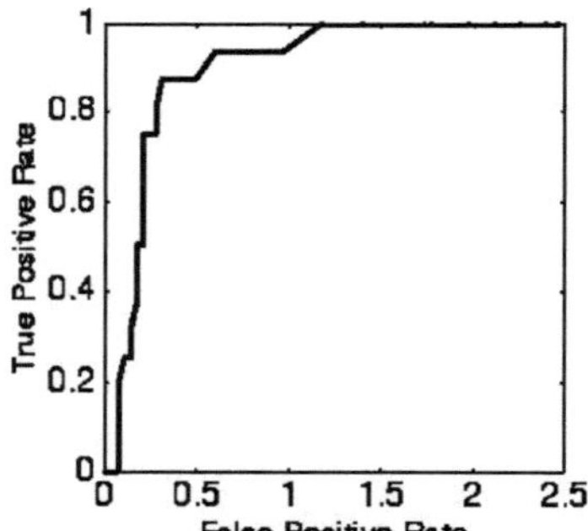

Figura 5.6. Curva ROC para detecção de microcalcificações agrupadas. A taxa Falsos Positivos é expressa em número de aglomerados por imagem.

5.6.2.3 Imagem completa

A curva ROC para a análise da imagem é mostrada na Figura 5.7. O valor de A_z para esta curva é 71,99%. No ponto de operação que dá a maior mudança de gradiente na curva ROC da análise de agrupamento, a taxa TP é de 91,67% e a taxa FP é de 38,8%.

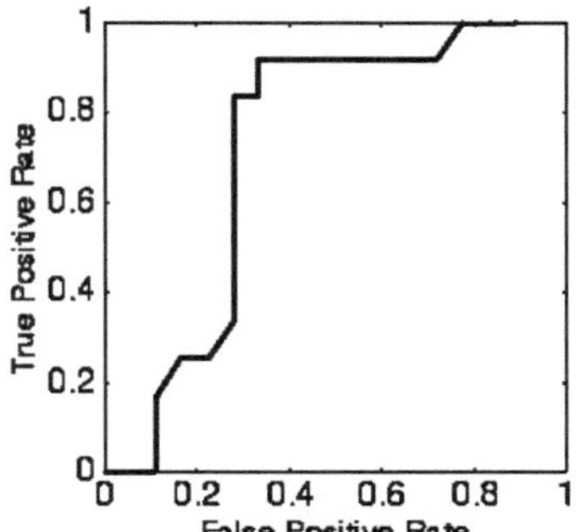

Figura 5.7. Curva ROC para avaliação de imagem inteira.

5.6.3 Comparação com o Método da Diferença-Imagem

Nishikawa informou que o seu sistema de detecção tem uma taxa de sucesso de aproximadamente 85% de clusters verdadeiros com uma média de 2 clusters falso-positivos por imagem. Só estes números sugerem que o método fuzzy tem um melhor desempenho do que o método da diferença de imagem.

A curva ROC foi aplicada à saída do método da diferença de imagem e o resultado é mostrado na Figura 5.8. A área abaixo da curva é de 82%.

A área abaixo desta curva ROC tem menos valor informativo do que a do sistema fuzzy porque existe um grande intervalo entre o ponto de operação para o qual TP = 1 e FP = 1, e o ponto seguinte abaixo desse (TP = 87,73%, FP = 25,39%). Isto deve-se ao facto de uma grande proporção tanto de objectos verdadeiros como de falsos objectos já ter sido omitida devido ao limiar global. A curva também tem uma forma bastante recta, o que indica que não há separação entre os objectos verdadeiros e os objectos falsos.

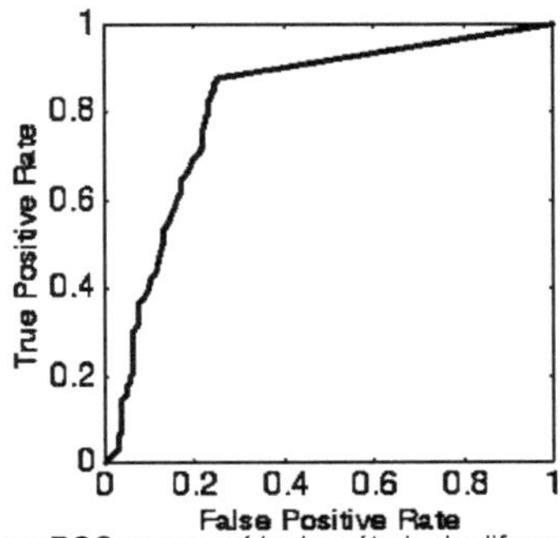

Figura 5.8. Curva ROC para a saída do método da diferença de imagem.

Para fazer uma comparação estática entre os métodos de imagem difusa e de diferença, a precisão de cada um é calculada num ponto operacional que tem uma taxa de TP semelhante para ambos os métodos. Isto é feito em dois pontos. O primeiro ponto é onde o método de diferença de imagem tem o TP mais alto abaixo de 1, o que significa que o limiar é fixado um pouco acima do nível mais baixo possível. Neste ponto de operação, o limiar do método da diferença de imagem é efectivamente determinado pelo limiar global, e não pelo limiar local. O segundo ponto é onde a curva do método fuzzy tem um gradiente de aproximadamente 45°, que é aproximadamente o ponto óptimo para o método fuzzy. Os valores correspondentes a estes pontos de operação são tabelados abaixo.

Quadro 1. Taxas de sucesso para os métodos Fuzzy e Difference-image

	Primeiro Ponto de Operação			Segundo Ponto de Operação		
	Taxa TP	Taxa TN	Em geral	Taxa TP	Taxa TN	Em geral
Fuzzy Método	232/266 (0.8722)	335/453 (0.7395)	567/719	224/266 (0.8421)	392/453 (0.8653)	616/719
Diferença Método de imagem	236/269 (0.8773)	338/453 (0.7461)	574/722	226/269 (0.8401)	344/453 (0.7594)	570/722

O resultado do teste estatístico como dado na Equação 5.1 é tabelado abaixo.

Quadro 2. Resultado do teste estatístico dos dois métodos

Primeiro ponto	Segundo ponto	$^{20}.005$
0.3	3.3	2.58

O teste estatístico no primeiro ponto de operação sugere que os dois métodos têm taxas de precisão semelhantes. No entanto, o desempenho do método da diferença de imagem deteriora-se rapidamente, como demonstrado pelo segundo ponto de operação, onde tem uma taxa de exactidão significativamente inferior.

5.6.4 Comparação com o Arquivo da Verdade

O desempenho do método fuzzy é comparado com os objectos etiquetados pelos ficheiros de verdade (tipo 4 objectos) e o conjunto de objectos etiquetados definitivamente normais (tipo 1 objectos). A curva ROC para este teste é mostrada na Figura 5.9. O resultado é muito semelhante ao da inclusão de objectos dos tipos 2 e 3.

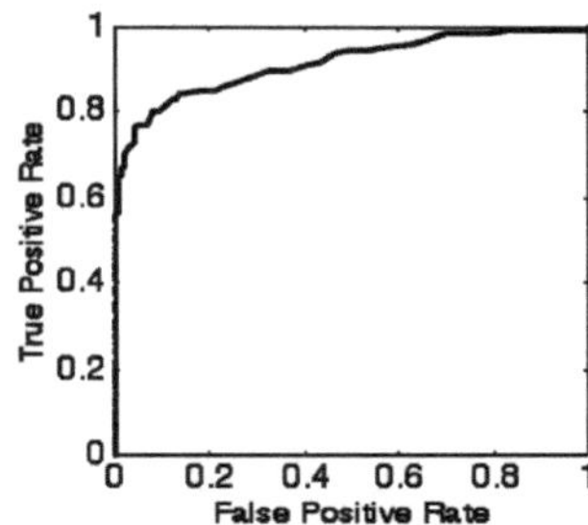

Figura 5.9. Curva ROC para teste com os objectos definidos por ficheiros de verdade.

5.6.5 Comparação com outros métodos de detecção de bordas

Para comparar o método de detecção de bordas difusas com os métodos convencionais de detecção de bordas, foram realizados mais testes através da substituição do detector de bordas difusas por três métodos diferentes de detecção de bordas; Sobel, Prewitt e Roberts. Estes são implementados em Matlab™ Toolbox. De acordo com a documentação, os operadores Sobel e Prewitt são sensíveis a arestas horizontais e verticais, enquanto o operador Roberts é sensível a arestas diagonais. Todos os métodos utilizam o máximo da primeira derivada para encontrar as arestas, semelhante ao método fuzzy aqui utilizado. A diferença é que a máscara de convolução para o operador felpudo é concebida para ser tão sensível às arestas diagonais como às arestas verticais e horizontais. A diferença fundamental é que o limiar é definido como um limiar nítido nos métodos convencionais.

A curva ROC para os testes com operadores Sobel, Prewitt e Roberts são mostrados nas Figuras 5.105.12. Geralmente têm um índice de desempenho inferior em comparação com o sistema fuzzy. As áreas sob as curvas são 85% para Sobel, 85% para Prewitt, e 89% para o método Roberts em comparação com um desempenho de 90,65% para o método fuzzy.

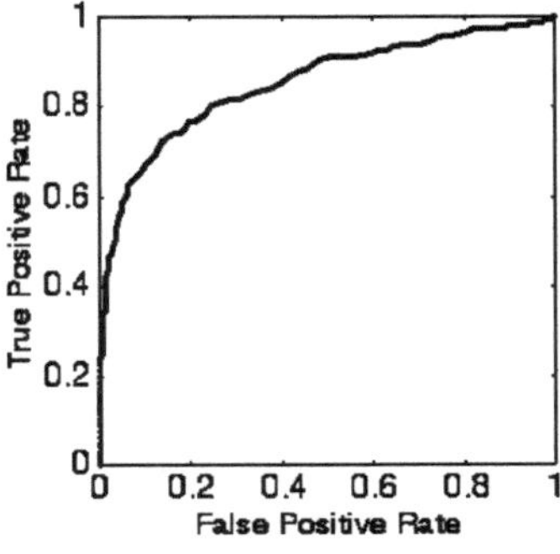

Figura 5.10. Curva ROC para detecção com operador Sobel. Az = 85%.

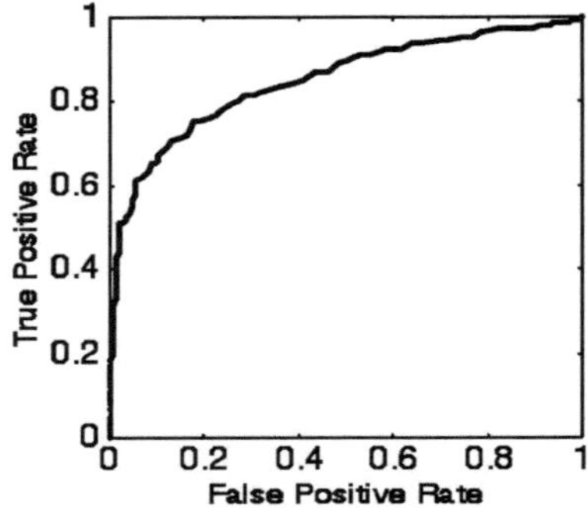

Figura 5.11. Curva ROC para detecção com o operador Prewitt. Az = 85%.

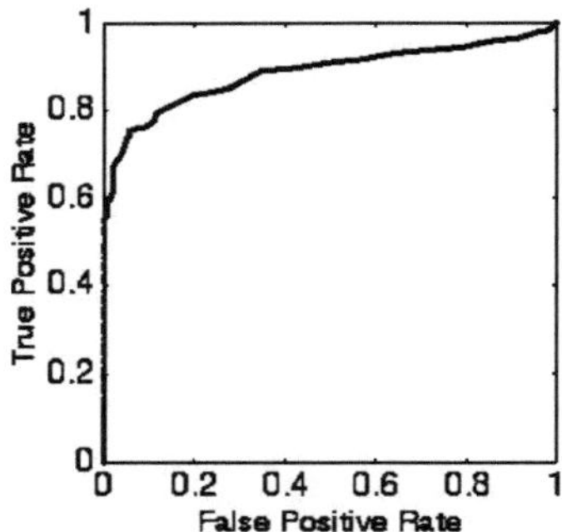

Figura 5.12. Curva ROC para detecção com operador Roberts. Az = 89%.

5.7 ANÁLISE DOS RESULTADOS

O desempenho do sistema de detecção fuzzy é bastante aceitável ao nível singular, que é indicado pelo valor de A_z para essa curva ROC. A comparação com o método da diferença de imagem também sugere que o método difuso tem um desempenho superior. Ao nível do agrupamento, o desempenho dos dois métodos é semelhante. No entanto, o desempenho do método fuzzy deteriora-se significativamente ao nível da imagem. A razão para esta discrepância é que, no mesmo ponto de operação, a taxa de FP para cluster é cerca de 0,3 por imagem, ou aproximadamente 1 FP em cada 3 imagens, o que é aproximadamente o mesmo que a taxa de FP da imagem (38,8%).

5.8 LIMITAÇÕES DO SISTEMA DE DETECÇÃO

Uma proporção significativa da detecção de falsos negativos a nível singular pode ser atribuída a aglomerados de calcificações muito finas, que aparecem em algumas das imagens de teste. Estas calcificações dificilmente podem ser reconhecidas como lesões genuínas quando examinadas individualmente, uma vez que aparecem como tecido de fundo comum nas imagens normais. As suas características específicas só podem ser reconhecidas quando são examinadas colectivamente. A detecção deste tipo de calcificações agrupadas requer uma análise mais abrangente da relação entre as microcalcificações num agrupamento.

5.9 RESUMO

O sistema de detecção de microcalcificação difusa foi testado e validado. Pode-se concluir dos resultados que o detector de picos, juntamente com o sistema de detecção de bordas, são capazes de detectar as microcalcificações em geral. Contudo, existe um tipo particular de microcalcificações que não podem ser detectadas, e que exigiriam uma abordagem diferente. Ao nível da imagem, é necessário mais trabalho para reduzir as taxas de falsos negativos produzidos pela técnica.

Capítulo 6: Conclusão

6.1 Resultados Primários

A detecção precoce do cancro da mama é bastante importante, uma vez que não existe um método eficaz para a prevenção ou tratamento de tumores detectados numa fase avançada. A fim de reduzir a taxa de mortalidade, são conduzidos programas de rastreio em massa, que requerem um sistema de diagnóstico eficaz e eficiente. Até esta data, não tem sido utilizado em larga escala um sistema prático e totalmente automatizado de análise de mamografias e muitos métodos diferentes estão ainda a ser pesquisados para atingir esse objectivo.

No trabalho relatado nesta tese, foi investigada a aplicação do processamento de imagens difusas no diagnóstico de anomalias num mamograma. A lógica difusa é um dos métodos emergentes de computação suave que tem sido aplicado em muitas áreas de automatização de sistemas, controlo, e também sistemas médicos de apoio à decisão. Também tem sido utilizada no processamento de imagens tanto a níveis baixos como altos.

Neste trabalho, a lógica fuzzy foi aplicada à análise de mamografias digitalizadas ao nível mais baixo de processamento de imagem para detectar microcalcificações. Foi desenvolvido um algoritmo fuzzy para detectar uma microcalcificação num mamograma por um detector de pico fuzzy, para identificar a sua borda utilizando um detector de borda fuzzy, e para definir a borda por uma função fuzzy.

6.2 Eficácia dos Algoritmos

O detector de picos felpudos tem um algoritmo simples, uma vez que utiliza apenas funções de membro para analisar os píxeis na vizinhança de um píxel candidato. Embora não seja utilizada uma função matemática complexa, o processo é bastante intensivo em termos computacionais. Isto deve-se à estrutura dos computadores digitais, que se baseia em lógica binária.

O detector de bordas difusas, por outro lado, é ligeiramente mais complexo do que os operadores de bordas convencionais, uma vez que emprega um conjunto de regras difusas não lineares e funções de membro. Foi demonstrado neste trabalho que o detector de bordas difusas tem um desempenho superior em comparação com os métodos convencionais.

A sensibilidade do método de detecção fuzzy para microcalcificações individuais provou ser superior em comparação com os outros métodos relatados na literatura. Por outro lado, a sensibilidade do método fuzzy para grupos de microcalcificações não tem sido tão boa como a das microcalcificações singulares. Isto deve-se à presença de pequenas microcalcificações com baixo contraste e fronteiras difusas num aglomerado. Tais microcalcificações não podem ser detectadas mesmo individualmente.

A aplicação dos algoritmos difusos a uma imagem completa para classificá-la como normal ou suspeita produziu um mau desempenho clínico. Uma taxa de 38,8% de falsos positivos (que é, aproximadamente, 2 imagens de falsos positivos em cada 5 imagens) é demasiado elevada para que o sistema possa ser utilizado clinicamente. É evidente que a selectividade do sistema precisa de ser melhorada.

Comparação com um método de detecção sem combustível; o método da diferença de imagem, o sistema fuzzy mostrou um melhor desempenho. O fraco desempenho do método da diferença de imagem deve-se à aplicação de um limiar global que não detecta sinais fracos.

Deve também salientar-se que os dados de teste utilizados neste estudo têm uma taxa de prevalência de lesões mais elevada do que a normalmente encontrada no programa de rastreio clínico real. Isto afectou negativamente o desempenho do algoritmo. Assim, no trabalho clínico real, a taxa de detecção de falsos positivos relatados diminuirá quando os algoritmos forem aplicados a mamografias obtidas em programas de rastreio.

6.3 LIMITAÇÃO DO TRABALHO

O detector de picos felpudos não detecta alguns clusters marcados nos ficheiros de verdade. Na observação visual, esses aglomerados perdidos parecem conter grãos muito finos mas densos de microcalcificações. Os grãos individuais têm pouca semelhança com uma microcalcificação e visualmente podem ser identificados como calcificações quando existem microcalcificações semelhantes reconhecíveis na sua vizinhança. Embora o detector de picos difusos seja relativamente insensível a ligeiras diferenças de tamanho e contraste de objectos de pico, não é capaz de detectar microcalcificações tão finas. Tal falha é devida a duas razões:

a) O detector difuso é modelado com base nas características das microcalcificações singulares relativamente maiores e mais brilhantes do que as microcalcificações finas.

b) O detector de picos difusos funciona apenas nos pixels localizados dentro da janela de um pico local. Uma vez que a distância entre as calcificações num aglomerado é maior do que o tamanho da janela, a presença de outros objectos não pode ser determinada ou avaliada pelo detector de picos.

Outra limitação dos algoritmos desenvolvidos é a sua incapacidade de determinar se uma microcalcificação detectada é maligna ou benigna. Isto porque os algoritmos são actualmente apenas baseados em pixels e não têm em conta mais características regionais ou globais de uma imagem, tais como informação geométrica e textural que dependem da relação entre duas ou mais microcalcificações.

6.4 Recomendação para Investigação Futura

O trabalho de investigação relatado nesta tese contribuiu para aumentar a compreensão na aplicação de teorias difusas no processamento de imagens médicas, e produziu resultados encorajadores, mesmo em condições de teste limitadas. No entanto, é necessário um trabalho adicional considerável antes de se poder provar que é uma solução eficaz para o problema referido na introdução da presente tese. Os aspectos do sistema proposto que necessitam de melhoramento são a velocidade de execução do algoritmo, a sensibilidade às microcalcificações finas, a capacidade de avaliar a malignidade das lesões detectadas e o envolvimento de peritos locais no processo de validação.

Os algoritmos fuzzy foram desenvolvidos neste estudo utilizando as funções de Matlab™. Como ambiente interpretado, Matlab™ tem um poder de processamento limitado em termos de velocidade de execução e do tamanho dos dados que pode tratar. A fim de aumentar a velocidade de execução dos algoritmos, é necessário optimizar o código através da compilação das funções utilizando um compilador adequado.

O desempenho dos algoritmos para microcalcificações finas agrupadas pode ser melhorado através da redução do tamanho da janela utilizada para a análise dos picos. Em alternativa, pode ser introduzido um operador secundário de picos, concebido com base em pequenas lesões. O resultado também pode ser combinado com a informação textual das áreas locais e regionais para produzir uma melhor taxa de detecção.

O sistema de detecção pode ser expandido para analisar a malignidade dos aglomerados detectados. Para além da densidade dos aglomerados (*ou seja,* o número de grãos numa determinada área), outra indicação de malignidade é a forma dos grãos, a sua configuração e orientação. Isto pode ser conseguido através da expansão do algoritmo de detecção de arestas para realizar a análise geométrica das arestas.

Embora a biblioteca de mamografias utilizada na validação seja de excelente qualidade, pode ser ainda melhorada complementando-a com a opinião de peritos locais para microcalcificações ambíguas.

Bibliografia

[1] L. O. Hall, "Learned fuzzy rules versus decision trees in classification microcalcifications in mammograms", *Proc. SPIE Applications of Fuzzy Logic Technology III*, Bruno Bosacchi; James C. Bezdek; Eds. Vol. 2761, p. 54-61, 1996.

[2] S. Bothorel, B. B. Meunier, S. A. Muller, "Fuzzy logic based approach for semiological analysis of microcalcifications in mammographic images", *International Journal of Intelligent Systems*. 12(11-12):819-848, Nov-Dez 1997.

[3] http://hna.ffh.vic.gov.au/phb/hdev/canhrtag/breast.html

[4] J. E. Martin, M. Moskowitz, J. R. Milbrath, "Breast cancer missed by mammography", *AJR*, pp. 132-737, 1979.

[5] L. Kalisher, "Factores que influenciam a classificação de falsos negativos na mamografia", *Radiologia*, pp. 133-297, 1979.

[6] B. J. Herman,et al, "Occult Malignant breast lesions in 114 patients: relationship to age and the presence of microcalcifications", *Radiology*, pp. 169-321, 1988.

[7] S-C. B. Lo, H. Li, J-S. Lin, A. Hasegawa, O. Tsujii, M. T. Freedman, S. K. Mun, "Detection of clustered microcalcifications using fuzzy modeling and convolution neural network", *Proc. SPIE Medical Imaging 1996: Image Processing*, Murray H. Loew; Kenneth M. Hanson; Eds. Vol. 2710, p. 8-15, 1996.

[8] S. Astley, I. Hutt, S. Adamson, P. Miller, P. Rose, C. Boggis, C. Taylor, T. Valentine, J. Davies, e J. Armstrong, "Automation in mammography: computer vision and human perception", *state of the art in digital mammographic image analysis*, ed. K. W. Bowyer e S. Astley, World Scientific, Singapura, 1994.

[9] J. Dengler, S. Behrens, e J. F. Desaga, "Segmentation of microcalcifications in mammograms", *IEEE Transactions on Medical Imaging*, vol. 12, no. 4, pp 634-642, 1993.

[10] R. M. Nishikawa, M. L. Giger, K. Doi, C. J. Vyborny, R. A. Schmidt, "Computer-aided detection of clustered microcalcifications on digital mammograms", *Medical & Biological Engineering & Computing, no 33,* pp 174178, 1995.

[11] D. Nesbitt, F. Aghdasi, R. Ward, J. Morgan-Parkes, "Detecção de microcalcificações em imagens de filme de mamografia digitalizada usando melhoramento de wavelet e supressão de falsos positivos adaptativos locais," *IEEE Pacific Rim Conference on Communications, Computers, and Signal Processing. Proceedings*, 1995.

[12] I. N. Bankman, W. A. Christens-Barry, I. N. Weinberg, D. W. Kim, R. D. Semmel, W. R. Brody, "An algorithm for early breast cancer detection in mammograms," *Proceedings. Fifth Annual IEEE Symposium on ComputerBased Medical Systems*, 1992.

[13] L. A. Zadeh, "Representação do conhecimento em lógica difusa". *An Introduction to fuzzy logic applications in intelligent systems*, ed. R. R. R. Yager, L. A. Zadeh, Kluwer Academic, Boston, pp. 1-21, 1992.

[14] L. A. Zadeh, "Fuzzy Sets", *Information and Control*, v. 8 pp. 338-353, 1965.

[15] A. Kricker, P. Jelfs, "Breast cancer in Australian women 1921-1994: Summary", [online], Janeiro de 1999,

http://www.nbcc.org.au/pages/info/resource/nbccpubs/bc21-94/summary.htm.

[16] http://www.nswcc.org.au/pages/ccic/ccr/sumbreas.htm

[17] http://www.ozemail.com.au/~glensan/cancer.htm

[18] L. W. Bassett, "Mammographic Features of Malignancy", *The Female Breast and its Disorders*, G. W. Mitchell Jr. e L. W. Bassett (eds.), Williams & Wilkins, 1990.

[19] A. P. Dhawan, T. Chitre, C. Kaiser-Bonasso, M. Moskowitz, "Analysis of mammographic microcalcifications using gray-level image structure features", *IEEE Trans. Med. Imaging*, 15 (3), p. 246-259, 1996.

[20] Sylvia H. Heywang-Kobrunner, "Diagnostic breast imaging: mammography, sonography, magnetic resonance imaging, and interventional procedures", Stuttgart, Thieme, 1997.

[21] R. H. Gold, "Mammographic features of benign disease", *The Female Breast and its Disorders*, G. W. Mitchell Jr. e L. W. Bassett (eds.), Williams & Wilkins, 1990.

[22] G. G. Lee, C. H. Chen, "A multiresolution wavelet analysis and Gaussian Markov random field algorithm for breast cancer screening of digital mammography," *1996 IEEE Nuclear Science Symposium Conference Record*, 1996.

[23] H. D. Li, M. Kallergi, L. P. Clarke, V. K. Jain, R. A. Clark, "Markov random field for tumor detection in digital mammography", *IEEE Transactions on Medical Imaging*, vol. 14, no. 3, p. 565-76, 1995.

[24] H. Yoshida, Wei Zhang, W. Cai, K. Doi, R. M. Nishikawa, M. L. Giger, "Optimizing wavelet transform based on supervisioned learning for detection of microcalcifications in digital mammograms", *Proceedings. Conferência Internacional sobre Processamento de Imagem*, 1995.

[25] J. C. Russ, "The image processing handbook", 2ª ed., CRC Press, 1995.

[26] R. C. Gonzalez, "Digital image processing", Addison-Wesley, 1992.

[27] D. Brzakovic, X. M. Luo, P. Brzakovic, "An approach to automated detection of tumors in mammograms", *IEEE Trans. on Medical Imaging*, v. 9, no. 3, pp. 233-241, 1990.

[28] M. Sameti, R. K. Ward, "A fuzzy segmentation algorithm for mammogram partitioning", *Digital Mammography '96*, K. Doi, M. L. Giger, R. M. Nishikawa, R. A. Schmidt, eds; Elsevier Science B.V., pp 471-474, 1996.

[29] D. Brzakovic, N. Vujovic, M. Neskovic, "Early detection of cancerous changes by mammogram comparison", *Proc. SPIE Visual Communications and Image Processing '94*, Aggelos K. Katsaggelos; Ed. Vol. 2308, p. 15201531, 1994.

[30] E. A. Stamatakis, I. W. Ricketts, A. Y. Cairns, C. Walker, P. E. Preece, "Detecting abnormalities on mammograms by bilateral comparison", *IEE Colloquium on Digital Mammography*, 1996.

[31] L. N. Mascio, J. M. Hernandez, C. M. Logan, "Automated analysis for microcalcifications in high resolution digital mammograms", [Online], 7 de Janeiro de 1998,

http://www-dsed.llnl.gov/documents/imaging/jmhspie93.html.

[32] H. D. Cheng, M. L. Yui, R. I. Freimanis, "A new approach to microcalcification detection in digital mammograms", *1996 IEEE Nuclear Science Symposium*, 1996.

[33] G. Naghdy, Yue Li, J. Wang, "Wavelet Based Adaptive Resonance Theory (ART) Neural Network for the Identification of Abnormalities in Mammograms", *National Health Informatics Conference*, HIC 97, Sydney, Austrália. pp67. Documento 67 sobre a publicação do CDROM.

[34] H. Li, K. J. R. Liu, S. C. B. Lo, "Fractal modeling of mammogram and enhancement of microcalcifications", *Nuclear Scimp. Symp. 1996 Conf. Record, IEEE*, pp. 1850-1854, 1997.

[35] T. O. Gulsrud, S-O. Gabrielsen, "Classification of microcalcifications using a multichannel filtering approach", *Eng. in Med. & Biol. 17th Ann. Conf. 1995 IEEE*, v. 2, pp. 889-890, 1995.

[36] A. Y. Cairns, I. W. Ricketts, D. Folkes, M. Nimmo, P. E. Preece, A. Thompson, C. Walker, "The automated detection of clusters of microcalcifications," *IEE Colloquium on 'Applications of Image Processing in Mass Health Screening'* (Digest No. 056), 1992.

[37] Yulei Jiang, R. M. Nishikawa, D. E. Wolverton, M. L. Giger, K. Doi; R. A. Schmidt, C. J. Vyborny, "Mammographic feature analysis of clustered microcalcifications for classification of breast cancer and benign breast diseases", *Actas da 16th Annual International Conference of the IEEE Engineering in Medicine and Biology Society. Avanços da Engenharia: Novas Oportunidades para Engenheiros Biomédicos*, 1994.

[38] F. Aghdasi, R. K. Ward, B. Palcic, "Classification of mammographic microcalcification clusters", *1993 Canadian Conference on Electrical and Computer Engineering*, pp. 1196-1199, 1993.

[39] L. W. Estevez, N. D. Kehtarnavaz, "Computer assisted enhancement of mammograms for detection of microcalcifications", *Proc. 8th IEEE Symp. Med. baseado em computador. Systems*, pp. 16-23, 1995.

[40] I. N. Bankman, J. Tsai, D. W. Kim, O. B. Gatewood, W. R. Brody, "Detection of microcalcification clusters using neural networks," *Actas da 16ª Conferência Internacional Anual da IEEE Engineering in Medicine and Biology Society. Avanços da Engenharia: Novas Oportunidades para Engenheiros Biomédicos*, 1994.

[41] N. A. Murshed, F. Bortolozzi, R. Sabourin, "Classification of cancerous cells based on the one-class problem approach", *Proc. SPIE Applications and Science of Artificial Neural Networks II*, Steven K. Rogers; Dennis W. Ruck; Eds. Vol. 2760, p. 487-494, 1996.

[42] N. A. Murshed, F. Bortolozzi, T. Sabourin, "A fuzzy ARTMAP-based classification system for detecting cancerous cells, based on the one-class problem approach", *Proceedings of the 13th International Conference on Pattern Recognition*, 1996.

[43] N.A. Bridgett, J. Brandt, C.J. Harris, "A neurofuzzy route to breast cancer diagnosis and treatment". Actas da Conferência Internacional IEEE de 1995 sobre Sistemas Fuzzy. A Conferência Internacional Conjunta da Quarta Conferência Internacional IEEE sobre Sistemas Fuzzy e o Segundo Simpósio Internacional de Engenharia Fuzzy. 1995.

[44] H. Sidaoui, A. de Alburqueque, R. Benjamins, L. Gualberto, "Fuzzy approach with a multi-expert approximate knowledge representation for medical diagnostic", *Systems, Man, and Cybernetics*, v.3 pp. 2290-2293, 1994.

[45] D. L. Hudson, M. E. Cohen, "Fuzzy logic in medical expert systems", *IEEE engineering in medicine and biology*, v. 13/5 pp. 693-698, Nov/Dez 1994.

[46] K. S. Leung, W. Lam, "Fuzzy concepts in expert systems", *Computer*, v. 21/9, pp. 43-56, Setembro de 1998.

[47] E. Cox, "The fuzzy systems handbook", AP Professional, 1994.

[48] D. McNeill, "Fuzzy Logic", Simon & Schuster, Nova Iorque, 1993.

[49] H. R. Tizhoosh, "Fuzzy Image Processing": Potenciais e Estado da Arte", *Metodologias para a Concepção, Concepção e Aplicação da Computação Suave; Proc. IIZUKA '98*, pp. 321-324, 1998.

[50] Z. Chi, H. Yan, T. Pham, "Fuzzy algorithms: with applications to image processing and pattern recognition", World Scientific Publishing Co., 1996.

[51] L. Khodja, L. Foulloy, E. Benoit, "Fuzzy Clustering for Color Recognition Application to Image Understanding", *Proc. 5th IEEE Int. Conf. on Fuzzy Systems*, v. 2 pp. 1407-1413, 1996.

[52] A. L. Ralescu, J. G. Shanahan, "Fuzzy perceptual grouping in image understanding", *Proc. IEEE Int. Conf. on Fuzzy Systems 1995*, v.3 pp. 1267-1272, 1995.

[53] T. Sarkodie-Gyan, C-W. Lam, D. Hong, A. W. Campbell, "A Fuzzy Clustering Method for Efficient 2-D Object Recognition", *Proc. 5th IEEE Int. Conf. on Fuzzy Systems*, v. 2 pp. 1400-1406, 1996.

[54] G. M. Khamseh, "Fuzzy logic based decision support system in patology", tese de mestrado, Universidade de Wollongong, 1997.

[55] S. Zahan, C. Michael, S. Nikolakeas, "A fuzzy hierarchical approach to medical diagnosis", *Fuzzy Systems, 1997. Proc. 6th IEEE Int. Conf. on*, v. 1, pp. 319-324, 1997.

[56] B-T. Chen, Y-S. Chen, W-H. Hsu, "Image Processing and Understanding based on the Fuzzy Inference Approach", *Proc. 3rd IEEE Conf. on Fuzzy Systems*, pp. 254-259, 1994.

[57] C. Demko, E. Zahzah, "Image understanding using fuzzy isomorphism of fuzzy structures", *IEEE Int. Conf. on Fuzzy Systems*. v 3 p 1665-1672, 1995.

[58] C. Bezdek, R. Chandrasekhar, Y. Attikiouzel, "Novo modelo fuzzy para detecção de bordas", *Proc. SPIE Applications of Fuzzy Logic Technology III*, Bruno Bosacchi; James C. Bezdek; Eds. Vol. 2761, p. 11-28, 1996.

[59] C-Y. Tyan, P. P. Wang, "Image processing-enhancement, filtering and edge detection using the fuzzy logic approach", *Segunda Conferência Internacional IEEE sobre Sistemas Fuzzy*, 1993.

[60] W. Li, G. Lu, Y. Wang, "Recognizing white line markings for vision-guided vehicle navigation by fuzzy reasoning", *Pattern Recognition Letters*, v. 18 pp. 771-780, 1997.

[61] K. H. L. Ho, N. Ohnishi, "FEDGE - Fuzzy Edge Detection by Fuzzy Categorization and Classification of Edges",

[online], Janeiro de 1999,

http://www.bmc.riken.go.jp/sensor/Ho/fedge/fedge.html.

[62] N. W. Granville, "Fuzzy analysis of fuzzy images", Intelligent methods in health care and medical applications (Digest 1998/514), IEE Coll. on, pp. 3/1-4, 1998.

[63] J. M. Keller, "Fuzzy Logic Rules in Low and Mid Level Computer Vision Tasks", *Proceedings, 1996 Biennial Conference of the North American Fuzzy Information Processing Society*, pp. 19-22, 1996.

[64] X. Q. Li, Z. W. Zhao, H. D. Cheng, C. M. Huang, R. W. Harris, "A fuzzy logic approach to image segmentation", *Pattern Recognition 1994*, pp. 337-340, 1994.

[65] Y. Zhu, Z. Chi, H. Yan, "Brain image segmentation using fuzzy classifiers", *Intelligent Information Systems, 1994. Proc. 1994 2nd ANZ conf. on*, p 244-247, 1994.

[66] C-W. Chang, G. R. Hillman, H. Ying, T. A. Kent, J. Yen, "A two-stage human brain MRI segmentation scheme using fuzzy logic", *Fuzzy systems, 1995. Proc. 1995 IEEE Int. Conf.*, v.2 pp. 649-654, 1995.

[67] C. Tresp, M. Jager, M. Moser, J. Hiltner, M. Fathi, "A new method for image segmentation based on fuzzy knowledge", *Intelligence and Systems, 1996. IEEE Int. Joint Symposia on*, pp. 227-233, 1996.

[68] J. M Molina, M. J. Martin, P. Isasi, A. Sanchis, "A fuzzy reasoning system for boundary detection in radiological images", *Fuzzy Systems, 1998 IEEE World Conf. on Computational Intelligence*, v. 2, pp. 15241529, 1998.

[69] J. M. Keller, P. Gader, O. Sjahputra, C. W. Caldwell, H-M. T. Huang, "A fuzzy logic rule-based system for chromosome recognition", *Computer-based Medical Systems, 1995. Proc. 8th IEEE Symposium on*, pp. 125-132, 1995.

[70] B. J. Smith, P. Arabshahi, "A fuzzy decision system for ultrasonic pre-enatal examen enhancement", *Fuzzy Systems, 1996. Proc. 5th IEEE Int. Conf. on*, v. 3, pp. 1712-1717, 1996.

[71] C. E. Metz, "Basic principles of ROC analysis", *Seminars in Nuclear Medicine*, v. 8, No. 4 (Outubro), pp. 283298, 1978.

[72] S. J. Dwyer III, S. Berr, M. B. Williams, "Modeling mammography examinations", *Computer-based Medical Systems, 1998. Proc., 11th IEEE Symposium on*, pp. 118-131, 1998.

[73] H-D. Cheng, Y. M. Lui, R. I. Freimanis, "A novel approach to microcalcification detection using fuzzy logic technique", *IEEE Trans. on Medical Imaging*, v. 17, no. 3, Junho de 1998, pp. 442-450, 1998.

[74] A. Hojjatoleslami, L. Sardo, J. Kittler, "An RBF based classifier for the detection of microcalcifications in mammograms with outlier rejection capability", *Neural Networks,1997. Conferência Internacional sobre*, v. 3, pp. 1379-1384, 1997.

[75] J. K. Kim, H. W. Park, "Surrounding region dependence method for detection of clustered microcalcifications on mammograms", *Image Processing, 1997. Proc., Int. Conf. on*, v.3 pp.535-538, 1997.

[76] R. J. Larsen, M. L. Marx, An introduction to mathematical statistics and its applications, Prentice-Hall, New Jersey, 1986.

[77] E. A. Ashby, J. M. Hernandez, C. M. Logan, L. N. Mascio, "UCSF/LLNL laboratório de mamografia digital de alta resolução", *Proc. 17th IEEE Int. Conf. Eng. in Med. & Biol. Soc*, pp. 539-540, 1995.

Appendix A: Resultados de Experiências

A.1 Sensibilidade do Detector de Pico Fuzzy às Funções de Membro

Os seguintes conjuntos de figuras (Figura A.1 a Figura A.24) ilustram os resultados das operações de detecção de picos difusos num conjunto de píxeis candidatos de um segmento de mamografia digitalizada. Cada conjunto de figuras mostra as funções dos membros para as variáveis difusas *brilhantes, escuras, próximas* e *distantes* na coluna da mão esquerda. O gráfico na coluna da direita mostra as distribuições de frequência dos objectos verdadeiros e falsos, em relação aos valores que lhes são atribuídos pelo detector de picos difusos. As distribuições são traçadas com um duplo eixo y, mostrando os objectos verdadeiros com linha sólida no eixo y da mão esquerda, e os objectos falsos com linha pontilhada no eixo y da mão direita.

Os resultados que aqui são apresentados representam diferentes combinações de funções de membro. As funções de membro são alteradas de modo a terem apoios diferentes (a gama de entrada para a qual a saída é diferente de zero). Os suportes de uma função de membro e o seu oposto determinam a magnitude do objecto ao qual o detector fuzzy é sensível.

Para tornar o detector sensível a objectos pequenos, a função de membro por *perto* pode receber um suporte estreito; para o tornar sensível a objectos maiores, o suporte deve ser mais amplo (cf. Figura A.9 vs. Figura A.8).

Com respeito à sensibilidade do detector ao contraste do objecto, são testadas diferentes funções de membro para o *claro* e o *escuro*, uma vez que as seguintes são testadas:

- suportes sobrepostos vs. não sobrepostos de *brilhantes* e *escuros* (cf. Figura A.2 vs. Figura A.3 vs. Figura A.4)
- apoio mais amplo vs. apoio mais estreito para *brilhantes* (cf. Figura A.8 vs. Figura A.12).

Os resultados mostram que, embora as diferentes funções de adesão dêem diferentes graus de separação entre objectos verdadeiros e objectos falsos, em geral os verdadeiros objectos têm valores de adesão mais elevados do que a maioria dos objectos falsos.

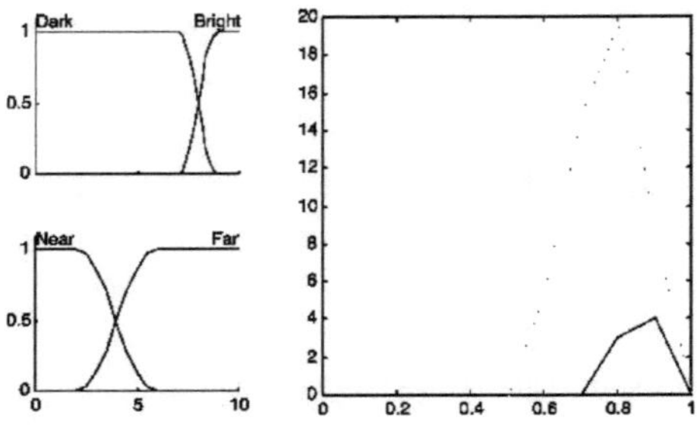

Figura A.1

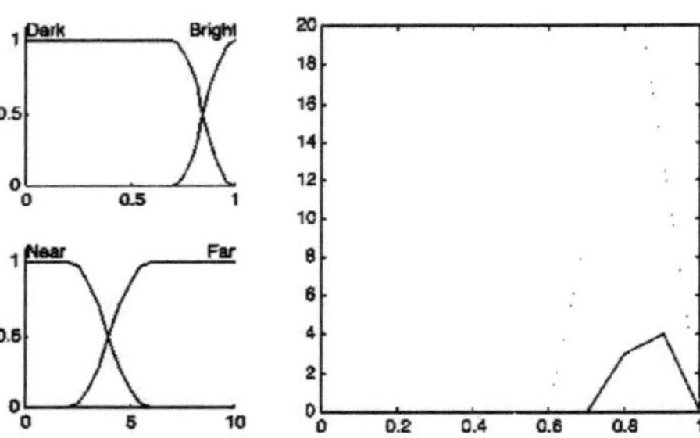

Figura A.2

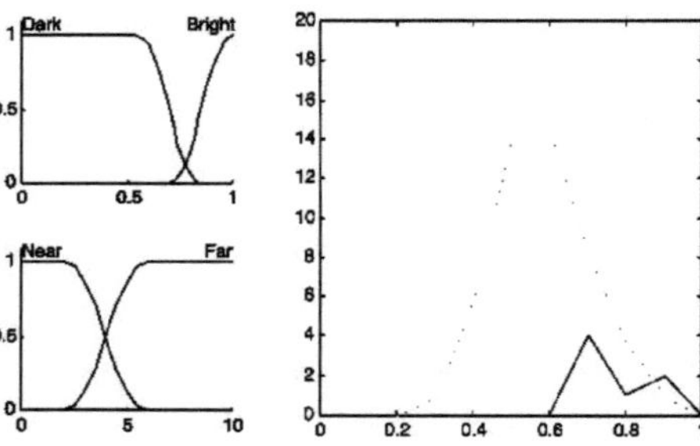

Figura A.3

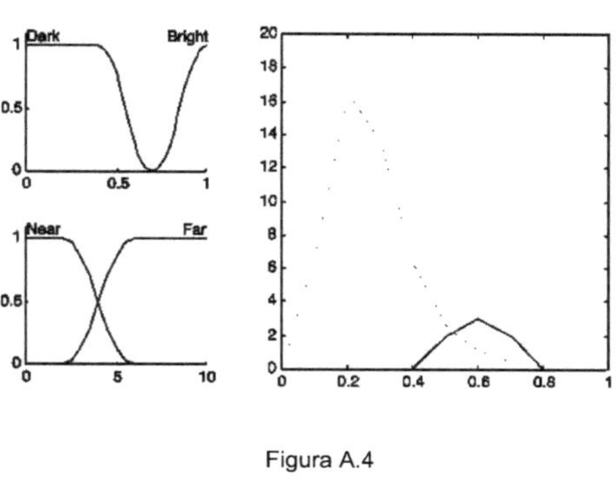

Figura A.4

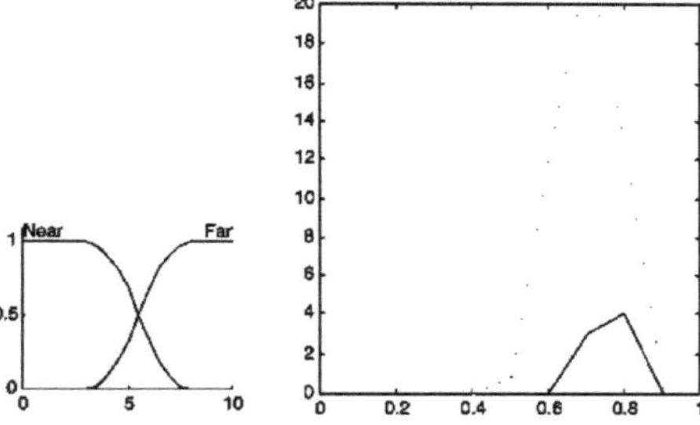

Figura A.5

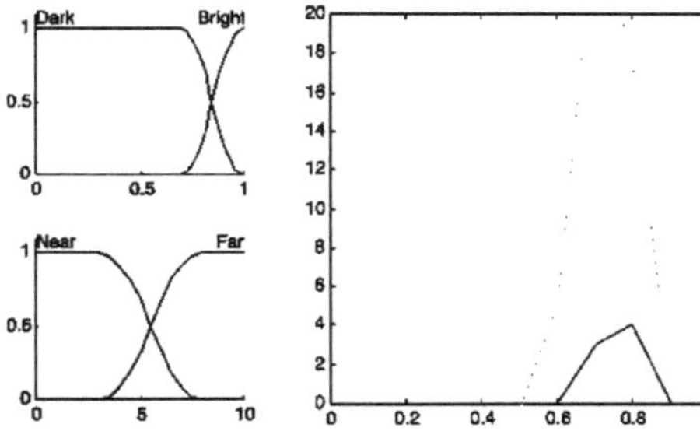

Figura A.6

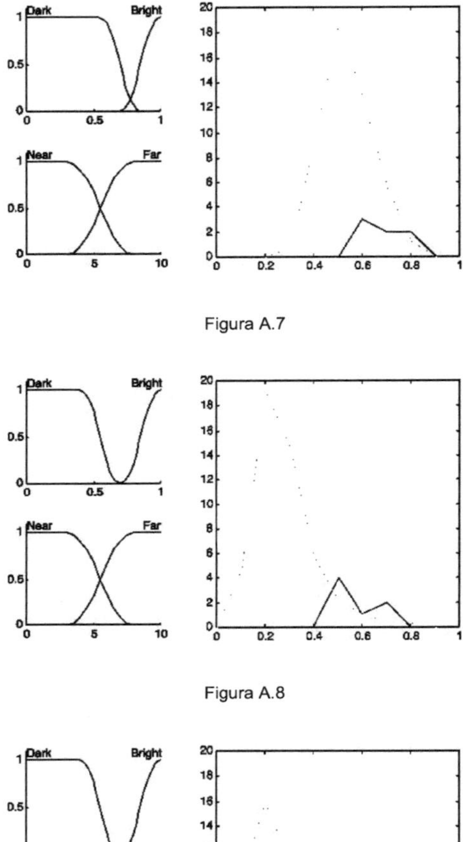

Figura A.7

Figura A.8

Figura A.9

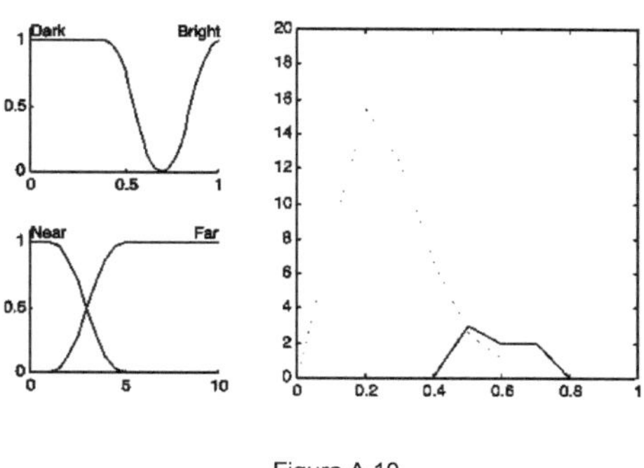

Figura A.10

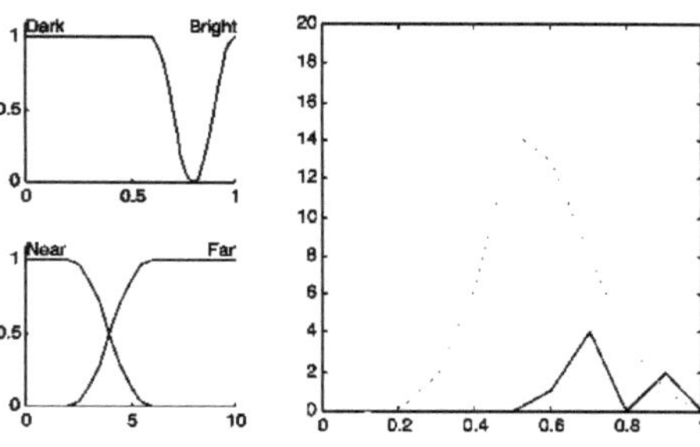

Figura A.11

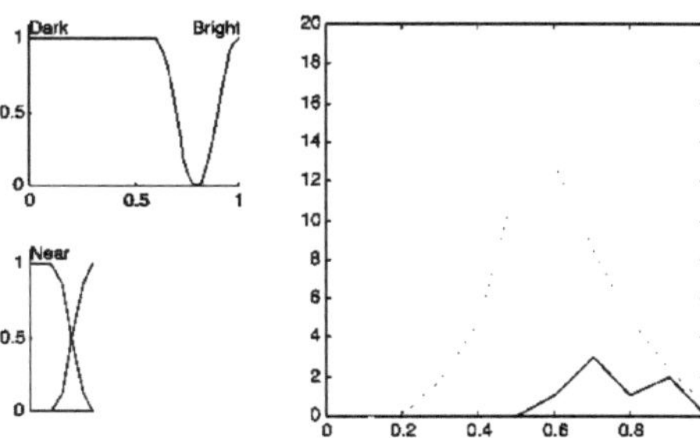

Figura A.12

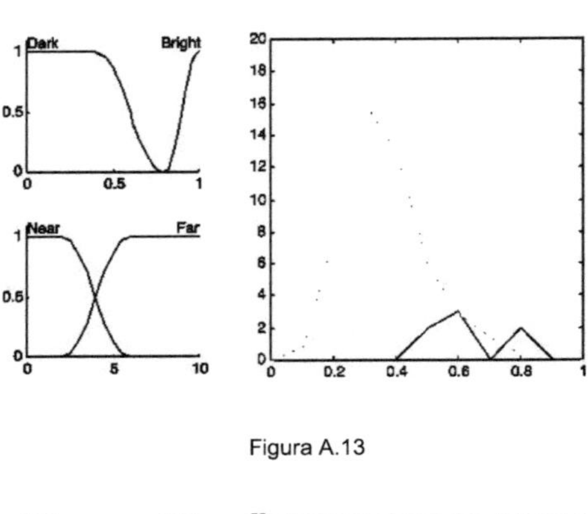

Figura A.13

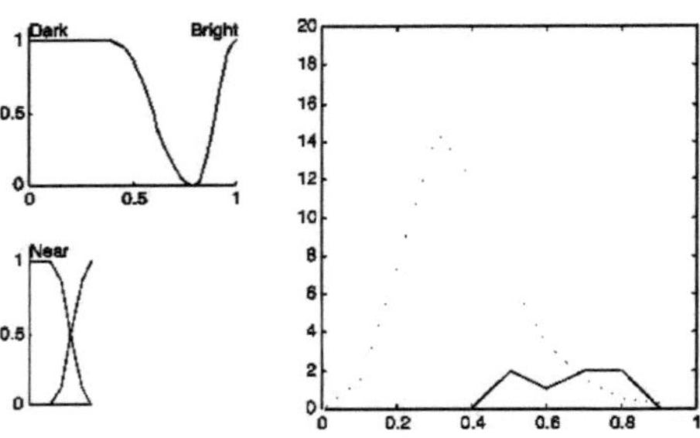

Figura A.14

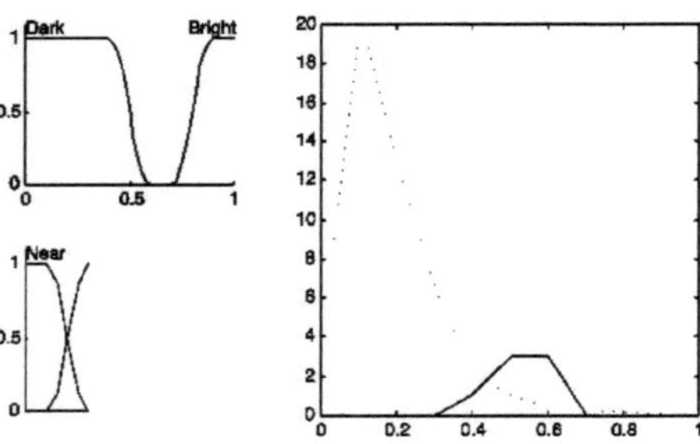

Figura A.15

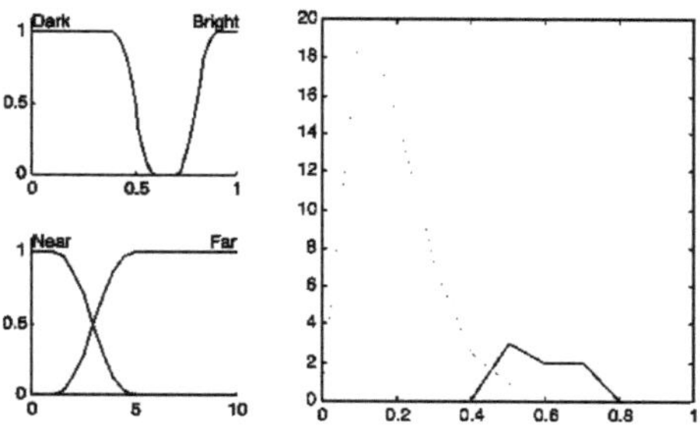

Figura A.16

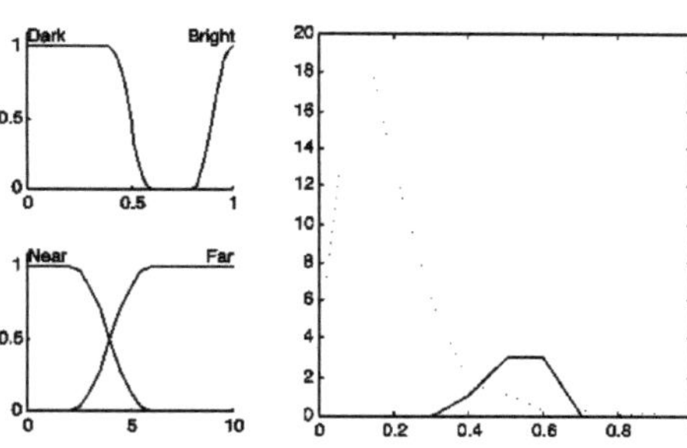

Figura A.17

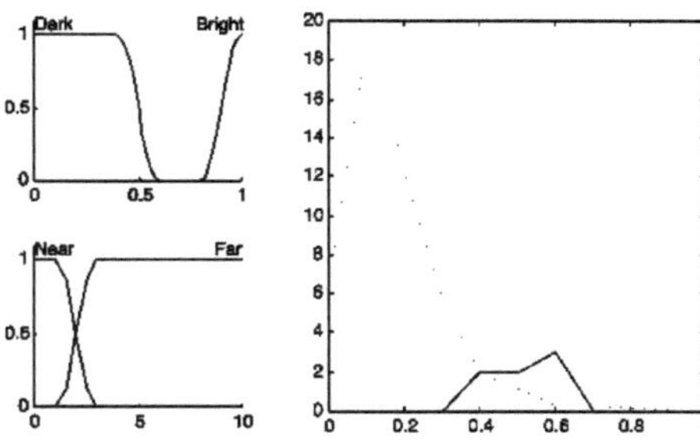

Figura A.18

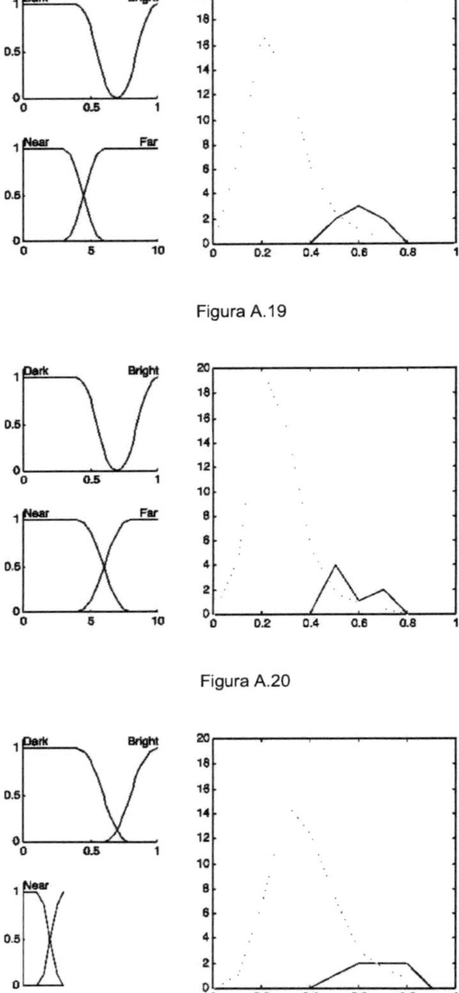

Figura A.19

Figura A.20

Figura A.21

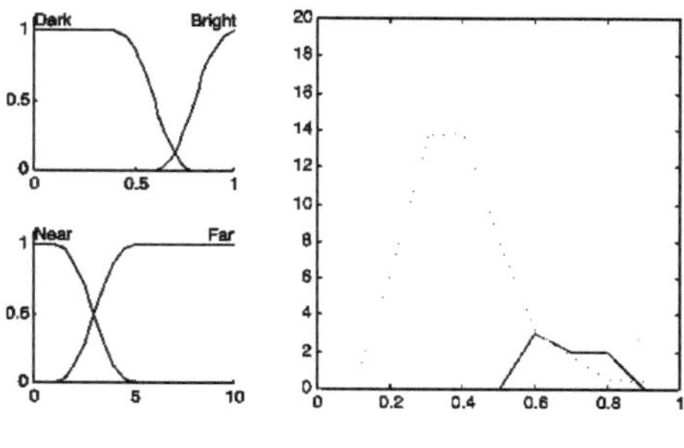

Figura A.22

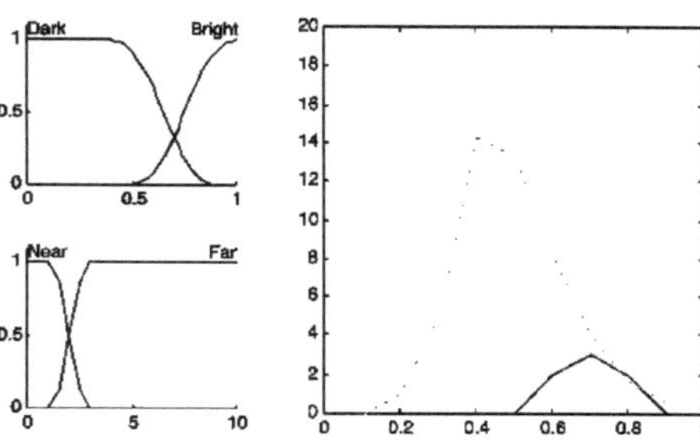

Figura A.23

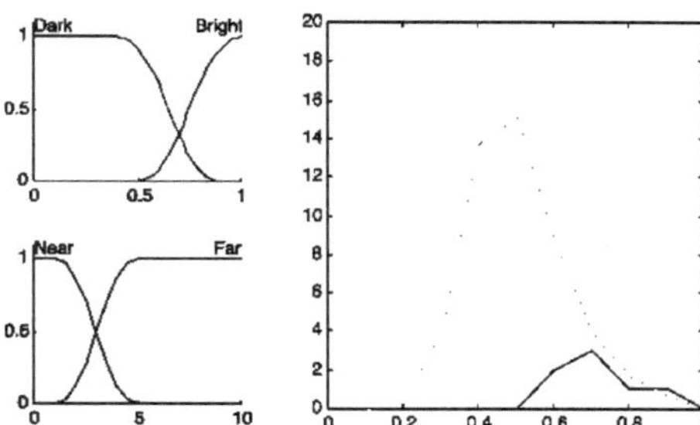

Figura A.24

Appendix B: Listagem de programas

8.1 VISÃO GERAL

Os programas utilizados neste trabalho foram desenvolvidos e testados em Matlab™ versão 5.2 para Windows™, num computador Pentium-166 com 32 MB de RAM.

8.1.1 Preparação das imagens

OPENIDS3 prepara a imagem principal abrindo o ficheiro raw . IDS e guardando-o em formato binário Matlab como 500x500 bocados. OPENTRU2 lê os ficheiros de verdade (tanto os ficheiros MC. IDS como CR. IDS) e guarda as coordenadas dos bits 'verdadeiros' num vector como formato binário Matlab. O XYPLOT é utilizado para visualizar os dados dos ficheiros de verdade.

8.1.2 Funcionamento sobre as imagens

RUN01 prepara os segmentos 500x500 da imagem adicionando uma parte do segmento adjacente, de modo a que as operações de janela possam ser executadas correctamente nos segmentos. RUN03 é o ficheiro de lote para efectuar a detecção difusa nas imagens: primeiro carrega e prepara os segmentos da imagem, depois encontra os picos locais, e efectua a detecção dos picos difusos e a detecção das bordas difusas. A saída são as coordenadas dos pixels com pontuações altas.

Os componentes do ficheiro do lote são: FPD INIT para definir as variáveis; FPD para realizar a detecção de picos difusos; FPD para realizar a detecção de pontas difusas; GRADIENTE para realizar a extracção de gradientes; ISPEAK para testar os picos locais; e THIN4 para afinar as imagens de gradiente.

8.1.3 Análise e comparação

A saída do programa de detecção, sob a forma de um vector contendo a localização dos pixels e a sua respectiva pontuação é processada por ROC01 e ROC02 para realizar a análise ROC. Para comparação, o script NISHI é utilizado para realizar o processamento de imagens de diferença.

8.2 LISTAGENS DE PROGRAMAS

B.2.1 Openids3.m

```
function openids3(fname, xsize, ysize, nameroot, drive)
%OPENIDS3 Abre um ficheiro IDS
```

```
%       Abre toda a imagem e salva-a em 500x500 bocados
%Syntax                     : OPENIDS3(fname,    xsize,   ysize,   nameroot)
%eg    . openids('aklcc.ids',     2702,    6160,  'aklc')
        O tamanho %x        e o tamanho ys são a                         dimensão da imagem        dada     na
correspondente
        Ficheiro %       .ics.

tique;
idsfile= fnome;
se nargin < 4 | nargin > 5
   disp('openids3(''fname'', xsize, ysize, ''nameroot'', ''drive'')') devolvem;
fim
se nargin < 5, drive = 'd';
fim
eval(['!mkdir ' drive ':\' nameroot]));
J = ceil(xsize/500); %número de segmentos lateralmente
I = ceil(ysize/500); % ----------------   para baixo
buff= zeros(500,xsize);

fora = [];
ficheiro = fopen(idsfile, 'r');
para fila = 1:ysize,
   [im_buff, im_size]= fread(file, xsize, 'uint16'); % ler uma linha

   y = rem(im_buff,256);
   x = (im_buff-y)/256;

   lbuf = (y*256+x)'; % uma linha de pixels em formato bruto

   % de tampão de linha de segurança
   lname = sprintf('line%04d',row);
   eval([lname '=lbuf;']));

   se rem(row,500) == 0 | row == ysize, % processar as tiras em matrizes
      iSeg = ceil(linha / 500);
      Tamanho iSize = 500;
      se row===tamanho, iSize = rem(ysize,500); fim
      para jSeg = 1:J, %criar matrizes vazias jSize = 500;
         se jSeg===J, jSize = rem(xsize,500); fim
         sname = sprintf('%s%02d%02d', nameroot, iSeg, jSeg);
         eval([sname '=zeros(' num2str(iSize) ',' num2str(jSize) ');'])
         para i = 1:iSize, %xfer strips into matrices str = [nameroot ...
              sprintf('%02d%02d(%d,:)= ', iSeg, jSeg, i) ...
              sprintf('line%04d(%d:%d);', i+500*(iSeg-1), ...
                 1+500*(jSeg-1), min(jSeg*500, xsize))];
           eval(str) end
         seg = sprintf('%s%02d%02d',nameroot,iSeg,jSeg);
         eval(['save ''drive ':\' nameroot ''seg ''seg'')
      end clear line* eval([['clear ' nameroot '*']) end

   if rem(row,250) == 0
      fprintf(1,'%4d ',row)
   fim
   if rem(row,2000) == 0
      fprintf(1,'\n')
   fim
fim
fprintf(1,'infinish')
fclose(file);
fprintf(1, [showtime(toc) '\n'])
```

B.2.2 Opentru2.m

```
function [sig]= opentru2(fname, xsize, ysize, foutname)
%OPENTRUReads   ficheiro da verdade em formato .ids.
%Retorna a      localização dos sinais em ficheiros xxxx_mc e xxxx_cr.
%Syntax: opentrul(fname, xsize, ysize [, foutname])

se nargin < 3 | nargin > 4, disp('Argumento insuficiente ou incorrecto') devolvem;
fim
fout= 0;
se nargin == 4,
   fout= fopen(foutname, 'w');
   se fout == -1, disp('Incapaz de abrir ficheiro para saída') voltar;
   senão
     disp(sprintf('fid for fout=%d',fout))
   fim
fim
disp(sprintf('fid for fout=%d',fout))

idsfile= fnome;
len= tamanho(fname, 2);
se strcmp(fname(len-5:len-4),'cr') | strcmp(fname(len-5:len-4),'CR')
   iscr= 1; ismc= 0;
```

```
   disp('é um ficheiro cr')
elseif(strcmp(fname(len-5:len-4),'mc'))
   disp('é um ficheiro mc')
   ismc= 1; iscr= 0;
senão
   disp('Nome de ficheiro errado ou formato incompatível') devolve;
fim

t0= relógio; tnow= t0;
sinal= [];
mais desligado;
disp(sprintf('Start %s', showtime(etime(clock, t0))));

filein= fopen(idsfile, 'r');
se filein == -1,
   disp('Não se pode abrir ficheiros; saída')
   fechar tudo;
   regressar;
fim
disp(sprintf('Filein aberto, fid=%d %s',filein, showtime(etime(clock, t0))));

% Agora leia as palavras e quebre-as em pedaços
para wordcount= 1: (xsize * ysize / 16), [bitte, sizen]= fread(filein, 1, 'uint16'); % ler 16 bits (uma
   palavra) se bitte ~= 0,
     if iscr == 1,
       se fout,
         fprintf(fout, '%d %d\n', ...
                 rem(wordcount*16,xsize), piso(wordcount*16 / xsize)+1));
       senão,
         signal= [sinal; contagem de palavras*16];
       fim
     caso contrário ismc == 1,
       para i= 1:8,
         se bitte >= 2fl(16-i), bitte= bitte - 2fl(16-i);
           signal= [sinal; (wordcount-1)*16 + i+8];
         fim
       fim
       para i= 9:16,
         se bitte >= 2fl(16-i),
           bitte= bitte - 2fl(16-i);
           sinal= [sinal; (contagem de palavras-1)*16 + i-8]; fim
       fim
     fim
   fim
fim

fclose(filein);

se sinal,
    sig= [rem(signal,xsize), floor(signal ./ xsize)+1,];
senão

    sig = [];
fim

disp(sprintf('Tempo: %s', showtime(etime(relógio, t0))))

se (fout), fclose(fout); fim
clear ans bitte filein fileout idsfile imels sizen
contagem clara de palavras de neve tamanho xsize ysize
mais sobre;

% fim do ficheiro
```

B.2.3 Xyplot.m

```
função xyplot(dados1, str1, dados2, str2, str2, dados3, str3)
%XYPLOT Desenha uma trama x-y.
%       XYPLOT(M) desenha a parcela xy de M, onde M é uma matriz com
%dois   colunas; primeira coluna x dados, segunda coluna y dados.
%       XYPLOT(M,str) parcelas M com especificação de cordas str. Consultar
%PLOT   para descrições de cordas reconhecíveis.
%       XYPLOT(M1,str1,M2,str2) parcelas M1 e M2.
%A      .P. Drijarkara 7 de Novembro de 1997

se nargin == 1
    se tamanho(data1,2) == 3,
       eixo = eixo; % = [xmin xmax ymx ymin ymx]
       para i = 1:tamanho(data1,1),
          linha(data1(i,1),data1(i,2),'marcador','o','cor','r','r',...
             tamanho do marcador,data1(i,3)*5+2);
          texto('posição',data1(i,1:2)+[1 1 1],...
             'string',num2str(data1(i,[2 1]),' %4d'), 'fontsize',7);
```

```
            ax(1) = min(ax(1),data1(i,1));
            ax(2) = max(ax(2),data1(i,1));
            ax(3) = min(ax(3),data1(i,2));
            ax(4) = max(ax(4),data1(i,2));
            eixo(ax);
         fim
      senão
         gráfico( data1(:,1), data1(:,2),'xk'), eixo ij, eixo fim da imagem
fim

se nargin == 2
   se tamanho(data1,2) == 3,
      para i = 1:tamanho(data1,1),
         linha(data1(i,1),data(i,2),'marcador','o','cor', str1,...
            tamanho do marcador,data1(i,3)*10);
      fim
   senão
      gráfico( data1(:,1), data1(:,2), str1), eixo ij, eixo image end
fim

se nargin ==3
   [i,j]=ind2sub([str1,data2],data1));
   xyplot([i,j])
fim

se nargin == 4
   gráfico( data1(:,1), data1(:,2), str1, ...
      data2(:,1), data2(:,2), str2),
   eixo ij, imagem do eixo
fim

se nargin == 6
   gráfico( data1(:,1), data1(:,2), str1, ...
      data2(:,1), data2(:,2), str2, ...
      data3(:,1), data3(:,2), str3),
   eixo ij, imagem do eixo
fim

se nargin > 6
      disp("Demasiados argumentos")
fim

set(gca,'xtick',[0:500:6000],'ytick',[0:500:8000]);
grelha em
```

B.2.4 Run01.m

```
% mamm é carregada pelos tamanhos do guião.m
nome = mamm(mg_idx).nome ;      % nome da caixa
Tamanho xs = mamm(mg_idx).xsize;          % x tamanho da imagem
ysize = mamm(mg_idx).ysize;      % y tamanho da imagem

% de caixas são armazenadas em d:<nome>> como 500x500 pedaços, com nomes de arquivoYYYXX

% Preparar segmentos de imagem, juntar as saias de
% segmentos contíguos.

ysegmax = ceil(ysize/500); % Nº de segmento na direcção y
xsegmax = ceil(xsize/500); % Nº de segmento na direcção x
seg_count = 0;
largura = 50;   % largura das faixas anexas do segmento adjacente
para iseg = 1:ysegmax,
  para jseg = 1:xsegmax,
    segname = [nome num2str([iseg jseg],'%02d')];        % nome deste segmento
    eval([['load \' name '\' name num2str([iseg jseg],'%02d')]); % carga este segmento se iseg > 1, % carga
    segmento superior
      eval([['load \' name '\' name num2str([iseg-1 jseg],'%02d')]));
      eval(['segU = ' nome num2str([iseg-1 jseg],'%02d') '(500-largura+1:500,:);']) eval(['seg_count =
      seg_count + 1;'])
      eval([['clear ' nome num2str([iseg-1 jseg],'%02d')])]);
      se jseg > 1, % de carga segmento superior-esquerda
        eval([['load \' name '\' name num2str([iseg-1 jseg-1],'%02d')])
        eval(['segUL = ' nome num2str([iseg-1 jseg-1],'%02d') ';']) eval(['segUL = segUL(500-
        largura+1:500,500-largura+1:500);']) eval(['clear ' nome num2str([iseg-1 jseg-1],'%02d')])
      fim
      se jseg < xsegmax, % de carga segmento superior-direita
        eval([['load \' name '\' name num2str([iseg-1 jseg+1],'%02d')])
        eval(['segUR = ' nome num2str([iseg-1 jseg+1],'%02d') ';'])
        eval('segUR = segUR(500-largura+1:500,1:min(largura,tamanho(segUR,2)));') eval(['clear ' nome
        num2str([iseg-1 jseg+1],'%02d')]));
      fim
    fim
    se iseg < ysegmax, % carga segmento inferior/bottom
      eval([['load \' name '\' name num2str([iseg+1 jseg],'%02d')])
      eval(['segB = ' nome num2str([iseg+1 jseg],'%02d') ';'])
```

```
        eval(['segB = segB(1:min(largura de faixa,tamanho(segB,1)),:);'])
        eval(['seg_count = seg_count + 4;'])
        eval([['clear ' nome num2str([iseg+1 jseg],'%02d')]]);
        se jseg > 1, % de carga segmento inferior-esquerda
          eval([['load \' name '\' name num2str([iseg+1 jseg-1],'%02d')])
          eval(['segBL = ' nome num2str([iseg+1 jseg-1],'%02d') ';'])
          eval(['segBL = segBL(1:min(largura,tamanho(segBL,1)),500-largura+1:500);']) eval(['clear ' nome
          num2str([iseg+1 jseg-1],'%02d')])
        fim
        se jseg < xsegmax, % carga segmento inferior direito
          eval([['load \' name '\' name num2str([iseg+1 jseg+1],'%02d')])
          eval(['segBR = ' nome num2str([iseg+1 jseg+1],'%02d') ';'])
          eval(['segBR = ',...
            segBR(1:min(largura,tamanho(segBR,1)),1:min(largura,tamanho(segBR,2));']) eval(['clear ' nome
          num2str([iseg+1 jseg+1],'%02d')]))
        fim
      fim
      se jseg > 1, % carga segmento esquerdo
        eval([['load \' name '\' name num2str([iseg jseg-1],'%02d')]]);
        eval(['segL = ' nome num2str([iseg jseg-1],'%02d') '(:,500-largura+1:500);']) eval(['seg_count =
        seg_count + 2;'])
        eval([['clear ' nome num2str([iseg jseg-1],'%02d')]]);
      fim
      se jseg < xsegmax, % carga segmento direito
        eval([['load \' name '\' name num2str([iseg jseg+1],'%02d')])
        eval(['segR = ' nome num2str([iseg jseg+1],'%02d') ';'])
        eval(['segR = segR(:,1:min(largura,tamanho(segR,2)));'])
        eval(['seg_count = seg_count + 8;'])
        eval([['clear ' nome num2str([iseg jseg+1],'%02d')]]);
      fim
      eval(['seg = ' segname ';'])
      eval(['clear ' segname])
      switch(seg_count),
      caso 15
        eval(['seg = [segUL,segU,segUR;segL,segR;segBL,segB,segBR];'])
        segUL segU clara segL segR segR segBL segB segBR
      caso 7
        eval(['seg = [segUL,segU;segL,segBL,segB];'])
        segUL clara segU segL segBL segB
      caso 11
        eval(['segUL,segU,segUR;segL,seg,segR];'])

        segUL segU clara segR SegUR segL
      caso 13
        eval(['seg = [segU,segUR;segR;segR;segB,segBR];'])
        segU clara segR segR segB segBR
      caso 14
        eval(['seg = [segL,seg,segR;segBL,segB,segBR];'])
        segL clara segR segBL segB segBR
      caso 3
        eval(['seg = [segUL,segU;segL,seg];'])
        segUL clara segU segL
      caso 5
        eval(['seg = [segU;seg;segB];'])
        segU clara segB
      caso 9
        eval(['seg = [segU,segUR;seg,segR];'])
        segU clara segR
      caso 6
        eval(['seg = [segL,seg;segBL,segB];'])
        segL clara segBL segB
      caso 10
        eval(['seg = [segL,seg,segR];'])
        segL clara segR
      caso 12
        eval(['seg = [seg,segR;segB,segBR];'])
        segR clara segB segBR
      caso 1
        eval(['seg = [segU;seg];'])
      caso 2
        eval(['seg = [segL,seg];'])
      caso 4
        eval(['seg = [seg;segB];'])
      caso 8
        eval(['seg = [seg,segR];'])
      fim
    fim
fim ysegmax transparente xsegmax xsize ysize nome
```

B.2.5 Run03.m

```
kimage = 1;
```

```
% mamm é carregada pelos tamanhos do script.m se ~existir('mamm'), tamanhos, fim
nome = mamm(kimage).nome ;
xsize = mamm(kimage).xsize;                        % nome da imagem
ysize = mamm(kimage).ysize;                        % x tamanho da imagem
                                                   % e tamanho da imagem
ysegmax = ceil(ysize/500);
xsegmax = ceil(xsize/500);                         % N° de segmento na direcção y
                                                   % N° de segmento na direcção x
fpd_init;                                          % rubricar constantes para fpd
se existir('pico')==1, pico claro, fim
para iseg = 1:ysegmax,
  para jseg = 1:xsegmax,
    run01;            % segmento é anexado com faixa dos segmentos adjacentes
    findpeak1%        encontrar pico local; localização em peak.i, peak.j
    cume = thin4(grad(a));
    out = zeros(tamanho(a));

    para k = 1:comprimento(pico)
      i = pico(k).i; j = pico(k).j;
      peak(k).iabs = i - ioff + (iseg - 1) * 500;
      peak(k).jabs = j - joff + (jseg - 1) * 500;
      %now apply fpd; fpd retorna m1, m2, m3 como campos de pico(k). fpd
      e depois detector de bordas; pico de retorno(k).edge
      se pico(k).m1 > 0.2,
        alimentado
      senão
        peak(k).edge = 0;
      fim
    fim
  fim
fim
```

B.2.6 Fpd_init.m

```
% Roteiro para definir constantes e coeficientes para fpd
mcwidth global mcwidth brilhante escuro mNear mFar perto
mcwidth = 10;                                      % meia-largura de mc
picos = 5;                                         % meia-largura para picos locais
localArea = 50;

%bright =        [0,7; 0,9];
%dark =          [0,7; 0,9];
%near =          [2; 6];

[y,x] = meshgrid(-mcwidth:mcwidth, -mcwidth:mcwidth);
mNear = sqrt(y. f12 + x. f12);
mNear = zmf(mNear,perto);
mFar = 1mNear;
mFarSum = soma(mFar(:)));
mNearSum = soma(mNear(:)));

[y,x] = meshgrid(-localArea:localArea,-localArea:localArea);
dxy = sqrt(y. f12 + x. f12);
dxy(51,51) = inf;
```

B.2.7 Fpd.m

```
% Roteiro para efectuar a detecção de picos. Executar com run03.m
% Entradas:
%a             : segmento de imagem
%i,j: índice do píxel candidato em um
%minA          : o mínimo na área circundante deste objecto
%mcwidth       , bright, dark, mNear, mFar

% normalizar o ROI
minA = min(a(:)));
g = rampmf(a(i-mcwidth:i+mcwidth, j-mcwidth:j+mcwidth),[minA a(i,j)])

mBright = smf(g,bright);
mDark = zmf(g,dark);
mBN = min(mBright,mNear);
mDF = min(mDark,mFar);
mPeak = max(mBN, mDF);
peak(k).m1 = mean(mPeak(:)));
peak(k).m2 = soma(mBN(:)) / mNearSum;
peak(k).m3 = soma(mDF(:)) / mFarSum;

out(i,j) = pico(k).m1;
```

B.2.8 Fed.m

```
% Roteiro para detectar borda em torno de objecto de pico
g = cume(i-localArea:i+localArea, j-localArea:j+localArea);
g = fedget2(g);
g = g ./ dxy;
t = 2;
g(51-t:51+t,51-t:51+t) = 0;
peak(k).edge = soma(g(:));
```

B.2.9 Grad.m

```
função G = grad(A0)
%GRAD Imagem Gradiente
%G      = grad(M)
%Retorna        o declive mais alto entre quatro direcções à volta de cada pixel.
%A      .P. Drijarkara 21 Out 1998 gFh= [0 0 0;...
       1 0 -1;...
       0 0 0]/2;
gFv=gFh';
gFd= [1 0 0;...
       0 0 0;...

       0 0 -1] / 2/sqrt(2);
gFu=flipud(gFd);
A1=abs(filter2(gFh,A0));
A2=abs(filter2(gFv,A0));
A3=abs(filter2(gFd,A0));
A4=abs(filter2(gFu,A0));
G =max(cat(3,A1,A2,A3,A4),[],3);
Gmin = min(G(:));
G(1:fim,1) = Gmin;
G(1:fim,fim) = Gmin;
G(1,1:fim) = Gmin;
G(fim,1:fim) = Gmin;
```

B.2.10 Ispeak.m

```
function out=ispeak(X)
%ISPEAK Verificar se a matriz X tem um pico no centro
%X      deve ser quadrado e o tamanho deve ser um número ímpar
%Retorna        1 se sim, 0 caso contrário
%A      .P. Drijarkara 14 Ago 1998
dim = tamanho(X,1);
se dim ~= tamanho(X,2), disp('Matrix is not square') out = -1;
   voltar
fim
se rem(dim,2) ~= 1, disp('O tamanho da matriz não é um número ímpar') out = -1;
   regressar;
fim
centro = (dim+1) / 2;
Xcentre = X(centro,centro);
se max(X(:)) > Xcentre % se outro pixel for mais brilhante, fora.
   fora = 0;
   regressar;
senão
   if length(find(X===max(X(:)))) < 4 % se não mais de 3 pixels == Xcentre out = 1;
   senão
      fora = 0;
   fim
fim
```

B.2.11 Fino4.m

```
função A1 = fino(A)
%THIN4 Imagem fina em escala de cinzentos baseada na janela 2x2
%AP     Drijarkara 1 de Dezembro de 1998

A1 = A;
para i = 1:tamanho(A,1)-1
   para j = 1:tamanho(A,2)-1
      se A(i,j),
         Amin = A(i,j); Ai = i; Aj = j;
         se A(i,j+1) < Amin, Ai = i; Aj = j+1; Amin = A(i,j+1); fim
         if A(i+1,j) < Amin, Ai = i+1; Aj = j; Amin = A(i+1,j); end if A(i+1,j+1) < Amin, Ai = i+1; Aj =
```

```
          j+1; end
          A1(Ai,Aj) = 0;
      fim
   fim
fim
```

B.2.12 Roc01.m

```
%ROC Efectuar análise ROC dos dados de teste.
% Os dados têm a forma: [mg_idx cr_idx yy xx mc_type fpeak fedge]
%123                        4567
%mg_idx : o código numérico para a imagem da mamografia
%mc_type        : 1 = não-MC, 2 = talvez MC, 3 = MC, 4 = MC do ficheiro da verdade
%AP      Drijarkara 7 de Julho de 1999 true_mc = 4; false_mc = 1;

P_data = data(find(data(:,5)==true_mc),:);
N_data = data(find(data(:,5)==false_mc),:);
dados = [N_dados; P_dados];

% de avaliação por-MC
P_mc = tamanho(P_data,1);
N_mc = tamanho(N_data,1);

max_th = ceil(max(data(:,7)));
fe_th = [0:max_th/200:max_th];
TPR_mc = []; FPR_mc = []; TPR_cl = []; FPR_cl = [];
TP_cl_lim = 1;
FP_cl_lim = 2;

para k = 1:comprimento(fe_th)
   TP_mc = (data(:,5) >= true_mc) & (data(:,7) >= fe_th(k)) ;
   FP_mc = (data(:,5) < true_mc) & (data(:,7) >= fe_th(k)));
   TPR_mc(k) = soma(TP_mc) / P_mc;
   FPR_mc(k) = soma(FP_mc) / N_mc;
   roc02;
fim
parcela(FPR_mc,TPR_mc,'.-r')
A_z=polyarea([1 FPR_mc ],[0 TPR_mc ])
title([método ' ' num2str(A_z,'%.2f')]) retorno
parcela(FPR_cl,TPR_cl,'.-r')
polyarea([max(FPR_cl) FPR_cl]/max(FPR_cl),[0 TPR_cl]) parcela(FPR_mg,TPR_mg,'.-r')
polyarea([1 1 FPR_mg ],[0 1 TPR_mg ])
```

B.2.13 Roc02.m

```
% Contar clusters de FP e TP clusters
TP_cl = 0; P_cl = 0; FP_cl = 0;
TP_mg = 0; P_mg = 0; FP_mg = 0; N_mg = 0;
cl_count = []; %[mg_idx, P_cl, TP_cl, FP_cl]
mg_count = [];

sd =[1 3 5 14 16 25 33 34 39 40 51 52 64 65 84 88 89 90 91 91 92 94 95 96 97 ...
     98 119 120 121 122 151];
mg_idx_set = sd;

para mg_idx = mg_idx_set,                        % iterar em cada imagem em conjunto
   mg_data = data(find(data(:,1)==mg_idx),:); % encontrar todos os dados para esta imagem TP_cl = 0; FP_cl =
   0;
   P_cl = soma(único(mg_data(:,2)) ~= 0);        % número de agrupamento nesta imagem
   se P_cl > 0%                                  se o agrupamento existir, a imagem é positiva
     P_mg = P_mg + 1;
   senão
     N_mg = N_mg + 1;
   fim
   th_data = mg_data(find(mg_data(:,7) > fe_th(k)),:); % de dados limite
   if ~isempty(th_data),
     para cr_idx = unique(th_data(:,2))'          % para cada aglomerado desta imagem:
       cr_data = th_data(find(th_data(:,2)==cr_idx),:);% dados para este cluster se cr_idx == 0, %find falso
       cluster medindo o carrinho. dist.
         fcr_idx = -1;
         para i = 1:tamanho(cr_data,1)-1,
           para j = i+1:tamanho(cr_data,1),
             if cartdist(cr_data(i,3:4),cr_data(j,3:4)) < 100
               if cr_data(i,2) == 0 & cr_data(j,2) == 0, % se ambos forem zero cr_data([i j],2) = fcr_idx;
                 fcr_idx = fcr_idx - 1;
               fim
               if cr_data(i,2) ~= 0 | cr_data(j,2) ~= 0, % se algum for diferente de zero
                 se cr_data(i,2) ~= 0 & cr_data(j,2) ~= 0, % se ambos são não-zero old_idx = max(cr_data([i
                   j],2)); %
                   new_idx = min(cr_data([i j],2));       % índice para ambos
```

```
                cr_data(find(cr_data(:,2)==old_idx),2) = new_idx;
              senão
                cr_data([i j],2) = min(cr_data([i,j],2)); fim
            fim
          fim
        fim
      fim
      x = cr_data(:,2); % índices de agrupamento do mc
      FP_cl = sum(sum(repmat(x,1,length(unique(x))) == ...

        repmat(unique(x'),length(x),1)) > FP_cl_lim & unique(x')~=0)
      fpcl_data = cr_data;
    senão
      % contar quantos mc detectados neste aglomerado; se > TP_cl_lim então TP_cl++. TP_cl = TP_cl +
      (tamanho(cr_data,1) > TP_cl_lim);
    fim
  fim
 caso contrário, o limiar da % é superior a qualquer sinal
   FP_cl = 0; TP_cl = 0;
 fim
 % compilar resultado para todas as imagens para este ponto de operação: cl_count = [cl_count;mg_idx P_cl
 TP_cl FP_cl];
fim
% agora cl_count contém resultado para todas as imagens mas apenas para um ponto de op.
TPR_cl(k) = soma(cl_count(:,3)) / sum(cl_count(:,2)));
FPR_cl(k) = soma(cl_count(:,4)) / comprimento(mg_idx_set);
TPR_mg(k) = soma(cl_count(:,2) & cl_count(:,3)) / P_mg;
se N_mg,
  FPR_mg(k) = soma(~cl_count(:,2) & cl_count(:,4)) / N_mg;
senão
  FPR_mg(k) = 0;
fim
fappend('status.txt',[num2str(k)'' datestr(now) '\n'));
```

B.2.14 Nishi.m

```
function out = nishi(im);
%NISHI Efectuar análise como descrito por Nishikawa 95

w1 = 9; w2 = 31; w3 = (w2+1) / 2;
x1 = (w2-w1)/2; x2 = x1 + 1; x4 = w2 - x1 + 1; x3 = x4 -1;

enhf = zeros(w2); enhf(x2:x3,x2:x3) = 1; enhf = enhf / sum(enhf(:)));
supf = ones(w2); supf(x2-1:x3+1,x2-1:x3+1) = 0; supf = supf / soma(supf(:)));
comf = enhf-supf; % supressão combinada e filtro de melhoramento
out = filter2(comf,im);
out([1:w3,end-w3+1:end],:) = 0;
out(:,[1:w3,end-w3+1:end]) = 0;

ims = sort(out(:)));
thrs = ims(round(length(ims)*.98));

out = out = out .* (out >= thrs);
voltar
```

Tabela de Conteúdos

Printed by Books on Demand GmbH, Norderstedt / Germany